幸福感
HAPPINESS

哈佛商业评论 情商系列

HARVARD BUSINESS REVIEW
EMOTIONAL INTELLIGENCE SERIES

[美] 丹尼尔·吉尔伯特（Daniel Gilbert）
安妮·麦基（Annie McKee）等 著

石晓燕 译

中信出版集团 | 北京

图书在版编目（CIP）数据

幸福感 /（美）丹尼尔·吉尔伯特等著；石晓燕译
.-- 北京：中信出版社，2020.1
（哈佛职场情商课）
书名原文：Happiness
ISBN 978-7-5217-0913-1

I. ①幸⋯　II. ①丹⋯ ②石⋯　III. ①幸福—通俗读
物　IV. ① B82-49

中国版本图书馆 CIP 数据核字（2019）第 267130 号

幸福感

著　者：［美］丹尼尔·吉尔伯特　［美］安妮·麦基　等
译　者：石晓燕
出版发行：中信出版集团股份有限公司
　　　　　（北京市朝阳区惠新东街甲 4 号富盛大厦 2 座　邮编　100029）
承 印 者：北京通州皇家印刷厂

开　本：787mm×1092mm　1/32　　印　张：4.5　　字　数：67 千字
版　次：2020 年 1 月第 1 版　　　　印　次：2020 年 1 月第 1 次印刷
京权图字：01-2019-2960　　　　　广告经营许可证：京朝工商广字第 8087 号
书　号：ISBN 978-7-5217-0913-1
定　价：36.00 元

目　录

推 荐 序

一

珍妮弗·莫斯 | 文

幸 福 并 非 没 有 消 极 情 绪

持久的幸福感从何而来

二

加德纳·莫尔斯对丹尼尔·吉尔伯特的专访

幸 福 背 后 的 科 学 原 理

幸福学研究

三

安妮·麦基 | 文

快 乐 工 作 很 重 要

工作不仅是私人的

推荐序

关于情绪智商（EQ），我有太多的话要说。我好想与初入职场的人分享情商的概念。我甚至抱着一种但愿你能早一点知道的心情推荐这套书。

记得几十年前，在一档广播节目中，我听到飞利浦公司的副总裁罗益强先生说，以前要想成功，需要的是"努力工作"（work hard）。以后要想成功，努力工作还不够，还要"聪明工作"（work smart），他接着说。但是以我们的成长过程而言，聪明工作是一件很不容易的事。

我很想加一句话，那就是，我们中国人在一切为考试、事事为进名校的过程中长大，聪明工作更不容易。

聪明工作需要热爱与全心投入自己的工作，需要从工作中获得一种幸福感（快乐）。人本心理学家马斯洛曾说："世界上最幸福的事，就是有人付钱让你去做你喜欢做的工作。"我们有多少人选择的是自己喜爱的工作？

聪明工作需要有自信与毅力，需要会沟通和赢得他人的合作。当你受到挫折，陷入低潮时，需要学习激励自己，重新站起来；甚至因此学到一课，变得比以前更好，更能发挥潜力。在只会读书，只注重分数的氛围中长大的人，这方面好脆弱！

聪明工作需要学会培养良好的人际关系，需要发挥正向的影响力、领导力，像是激励他人，赞赏他人。功课好的人通常只想到自己，因为用功读书的时候他常常一个人，想到的常是自己。后来也就很欠缺同理心，很难成为领导了。

谈到这里，我已经忍不住想问，我们过去在学校、在家中，以及后来在工作中，用了多少时间与精力，培养以上这些关键能力？

很多人以为一个人情商高就是少发脾气。其实不发脾气只是最基本的起点。接下来自信、幸福感、同理心、领导力才是情商的枢纽。

有人在 2000 年即将来临时问管理大师彼得·德鲁克，21 世纪与上一个世纪最大的不同会是什么？德鲁克回答说，在 21 世纪，工作的开始才是学习的开始。

　　学完物理、化学、会计、电子机械之后，踏入职场，你面对的将不只是一份工作，你面对的是条漫长的学习之路。那是一条通往成功之路。这条成功之路的里程碑就是：毅力、恢复力、影响力、领导力与同理心。它的终点站是快乐和幸福。

黑幼龙

卡内基训练大中华地区负责人

珍妮弗·莫斯（Jennifer Moss）| 文

幸福并非没有消极情绪

对许多人来说，幸福的感觉是很难描述的。就像雾一样，你从远处看，它浓厚而且有完整的形状；可是当走近它时，你会发现它变得稀薄了，即使它就围绕在你身边，你也会突然感觉它不可触及。

人们非常注重追求幸福，可是如果你停下来认真地想一想，追求是希望通过努力来获得某种东西，但谁也无法保证它一定能够实现。

大约 6 年前，我也热衷于追求幸福，却一直没找到幸福的感觉。我和丈夫吉姆居住在加利福尼亚州圣何塞市，当时我们有一个两岁的儿子，我还正怀着第二个孩子。按理说，我们的生活应该算幸福美满，但我似乎感觉不到生活的乐趣，总是郁郁寡欢，过后又深感愧疚。令人尴尬的是，我的问题都属于"第一世界问题"①。

2009 年 9 月，我的世界塌陷了。吉姆患上重病，被确诊感染了甲型流感病毒和西尼罗河病毒，后来又因免

① 第一世界问题是指微不足道的挫折或琐碎的烦心事，和发展中国家所面临的严重问题形成鲜明对比。——译者注

疫系统受损患上了吉兰－巴雷综合征。

吉姆从未担心过自己的生死，我却为之焦虑不安。

当得知吉姆战胜了病魔、病情开始好转的时候，我们松了一口气。可是当被告知吉姆可能会有一段时间不能走路时——有可能是一年，也有可能会是更长时间，我们又开始惊恐不安，因为这意味着，吉姆作为曲棍球员的职业生涯可能就要结束了。我们不知道以后靠什么支付医疗费，也不知道吉姆还能有多少精力来抚养孩子。

距离第二个孩子出生还剩 10 周，我没有多少时间去思考和表达，而吉姆恰恰只剩下时间了。不管是在生活中还是在运动场上，他都已经习惯了快节奏，对他来说，住院的日子简直就是度日如年。虽说他一直忙于接受物理治疗和职业治疗，但他还需要心理治疗。

他在自己的社交网络上发布了一条信息，请求大家推荐有助于心理治疗的读物。各种建议纷至沓来，也有送到病床边的书籍和录音带，其中还附有便笺，以说明这些资料在某个人经历了很大磨难并战胜它的过程中

"发挥了多么大的作用"。

　　吉姆每天都会阅读托尼·罗宾斯（Tony Robbins）和奥普拉·温弗瑞（Oprah Winfrey）的励志书籍、观看 TED（技术、娱乐、设计）演讲，比如吉尔·泰勒（Jill Taylor）所著的《左脑中风，右脑开悟》（*My Stroke of Insight*），研究的是脑损伤对人产生的影响。吉姆会分析迪帕克·乔普拉（Deepak Chopra）的心灵鸡汤类书籍，评论马丁·塞利格曼（Martin Seligman）、肖恩·埃科尔（Shawn Achor）、索尼娅·柳博米尔斯基（Sonja Lyubomirsky）等诸多研究人员发表的有关幸福和感恩的科研论文。

　　所有这些文献都在围绕着一个重复的主题——感恩，将感恩教育贯穿于科学、真实故事以及成功要素之中。受这些文献的影响，吉姆开始写自己的感恩日志。他非常感激那些给予他帮助的人——感激为他换床单的人，感激在吃饭时间为他送来热腾腾饭菜的家人，感激鼓励他的护理人员，感激他的康复团队抽出自己的时间给予他的额外照顾（吉姆的康复团队曾经告诉他，他们之所以会在他身上投入额外的时间，是因为他们知道他对他们的付出有多么感激）。

他邀请我参与他的心理康复训练过程，我知道康复训练对他来说非常艰难，我也很想帮助他尽快康复。当踏进那间病房，置身于他的世界时，我努力让自己保持积极的心态。但我未能做到让自己的心态始终处于最佳状态，有时候还会埋怨自己无法控制自己的情绪。可是不久之后，我便发现他在迅速好转。尽管我们的心路历程不尽相同，但我们都成功了。我也"渐渐醒悟"了。

整个过程充满了不确定性，可以说，我们是战战兢兢地走过来的。在吉姆被救护车送到急诊室6周以后，他竟然拄着拐杖走出医院（他倔强地拒绝使用轮椅），那一刻我们断定，他能快速康复不只是因为幸运，一定还有其他方面的因素。

在吉姆先前读过的那些对他产生影响的书籍中，有一本是马丁·塞利格曼所著的《持续的幸福》（*Flourish*）。塞利格曼是一名心理学家，曾任美国心理学会主席，他负责定义了"PERMA"这一个术语，该术语后来成为世界各地许多积极心理学研究项目的基石。PERMA是 positive emotion（积极情绪）、engagement（高度投入）、relationships（人际关系）、meaning（人生意义）和accomplishment/achievement（成就感）5 个英文单词的首字母缩写，它们是持久满足幸福感所必需的五大要素：

- 积极情绪：平静、感恩、满足、愉悦、灵感、希望、好奇和爱都属于这一类。
- 高度投入：忘我地投入一项任务或者项目之中，因为高度投入会给人一种"时间消失"的感觉。
- 人际关系：拥有有意义的、积极的人际关系，会比没有这些人际关系的人更幸福。
- 人生意义：意义来自我们从事一项比自身价值更崇高的事业。无论是宗教信仰还是在某方面有益于人类的事业，我们都需要人生的意义。
- 成就感：要体验很高的生活满意度，我们必须努力提升自己，不断取得成就。

我们逐渐把这五大要素作为基本原则应用于生活中。吉姆重返加拿大劳里埃大学从事神经学研究，并立即着手创建可塑性实验室，尽我们所学帮助、指导别人去追求幸福。当人生逐渐包含越来越多的同理心、感恩和意义的时候，我们就不再感到悲伤了。

每当看到有人对积极心理学运动提出质疑时，我就会独自深思，这些批评者对感恩、人际关系、人生意义或者希望有异议吗？

也许部分问题在于流行文化和媒体把幸福过于简化了，从而使得它因为未被证实而容易为人们所摒弃。社会心理学博士后瓦妮莎·鲍特（Vanessa Buote）在电子邮件中这样对我说：

人们对幸福有一种误解，认为幸福应该是一直心情愉悦、满面春风和称心如意，幸福的人总会面带着微笑。其实不然，只有好事和坏事都能坦然接受，并且学会如何去改变坏事，我们才会幸福，才会拥有丰富多彩的人生。最近哈佛大学研究员乔迪在《实验心理学》杂志上发表了一篇论文，题目是《情绪多样性与情感生态系统》，他的研究发现，人们经历各种不同的积极情绪和消极情绪，有利于身心健康。

我们不仅经常误解什么是幸福，还常常用错误的方式去追求幸福。研究员和企业培训师肖恩·埃科尔（Shawn Achor）曾经在《哈佛商业评论》上发表了一篇题目为《正向力》（Positive Intelligence）的文章，他告诉我们大多数人关于幸福的观念是错误的："对幸福产业最大的误解是：幸福是目标，而不是方法。我们以为得到自己想要的东西就会幸福，可结果表明，我们的大脑实际上是与此背道而驰的。"

鲍特也认同这一观点："人们有时会把'幸福'视为

最终目标，但是却忘记了真正重要的是追求幸福的过程，弄清楚最让我们感到幸福的是什么，那么经常参与这些活动就会有助于我们更加愉快地生活。"

换句话说，在一味追求幸福的时候，我们并不一定感到幸福。当我们不考虑它的时候，当我们乐在当下的时候，我们反而是最幸福的，因为我们正专注于一件有意义的事情，正在努力达到更高的目标或者帮助某个需要我们帮助的人。

健康的积极态度并不意味着要隐藏你自己的真实感受。幸福并不是没有痛苦，而是能够从痛苦中解脱出来。幸福与喜形于色或者得意忘形不同，幸福包括知足、安康以及经历各种情感的情绪灵活性。在公司里，一些人成功地应对过焦虑和沮丧。有人体验过创伤后应激障碍，有人目睹家庭成员患上严重精神疾病，有些人没有。我们公开谈论这些话题，或者不公开谈论——两种方式都挺好。不管是悲痛还是大笑，只要环境需要，我们支持在办公室里哭泣。

一些人也许通过不同的视角来研究幸福，他们甚至认为，幸福是有害的（例如，参见本书最后两篇）。不过，练习有助于提升身心健康，从这一点来看，我们并不是要学会如何才能一直面带微笑，或者祝愿难题能够得以解决，而是要通过训练学会如何才能更有韧性地应对压力，就像你没有经过训练就不能去跑马拉松一样。

　　在陪伴吉姆住院期间，我亲眼看到他的改变过程。起初只是细微的变化，但之后我立刻意识到，练习感恩以及随之而来的幸福送给我一份礼物：它把吉姆还给我了。如果幸福有害的话，那么我想说，放马过来吧。

作者简介

珍妮弗·莫斯

可塑性实验室的联合创始人、首席沟通官。

加德纳·莫尔斯（Gardiner Morse）对丹尼尔·吉尔伯特（Daniel Gilbert）的专访

幸 福 背 后 的 科 学 原 理

丹尼尔·吉尔伯特是哈佛大学心理学教授，他是 2006 年出版的《哈佛幸福课》(*Stumbling on Happiness*)的作者，该书当年入选畅销书排行榜，从而让他闻名于世。在这本书中，除了其他内容，他还揭示了我们在想象我们会有多幸福（或者多悲惨）时所犯的那些系统性错误。在接受《哈佛商业评论》加德纳·莫尔斯的采访时，吉尔伯特纵览了幸福研究领域，并探讨了该领域的研究前景。

加德纳·莫尔斯：在过去 20 年里，幸福研究逐渐成为一个热门话题，原因何在？

吉尔伯特：人类幸福的本质是什么？这是我们人类最古老的问题之一。然而，直到最近，我们才意识到，我们可以采用科学这种最新方法来寻找它的答案。就在几十年前，幸福的问题还主要属于哲学家和诗人的研究领域。

心理学家一直对情绪感兴趣，只是在过去 20 年里，情绪研究课题才出现爆炸性增长，其中心理学家研究最深入的情绪是幸福感。最近，经济学家和神经科学家也加入研究大军。所有这些学科都有其独特但又相互交叉的研究领域。心理学家想要了解人们的感受如何，经济学家想要知道人们的价值取向，神经科学家想要知道人们的大脑如何对奖励做出反应。三个独立的学科都对同一个主题感兴趣，从而把幸福主题列入科学研究领域。有关幸福的研究论文发表在《科学》杂志上，研究幸福的人获得了诺贝尔奖，世界各国政府都在争先恐后地研究如何评估和提升公民的幸福感。

加德纳·莫尔斯：怎样才能衡量像幸福感这种主观的东西呢？

吉尔伯特：评估主观体验比你想象的要简单得多，就像你的眼科医生给你配眼镜时所做的那样。她把一个镜片放在你的眼前，让你描述你的体验，然后她换上另一个镜片，接着再换上一个。她把你对自己主观体验的描述作为资料，对资料加以科学分析，然后设计一个将会给你完美视觉的镜片——所有这些都是基于你对自己主观体验的描述。人们提供的即时信息非常接近于他们的体验，这让我们有可能通过他们的眼睛来看世界。人们可能无法告诉我们，他们昨天有多开心，或者他们明天会有多幸福，但他们可以告诉我们，在我们询问他们的那一刻，他们的感受如何。"你好吗？"也许是世界上最常被问到的一个问题，而且没有人会被它难住。

衡量幸福感的方法有很多。我们可以问人们"你此刻有多幸福？"，然后，让他们对自己的幸福感进行等级评估。我们可以用核磁共振成像来测定脑血流量，也可以用肌电图来检查面部"微笑肌肉"的活动情况。在大多数情况下，虽然这些检测方法都具有高度相关性，但只有联邦政府才会喜欢用这些复杂、昂贵的检测方法，而不用简单、廉价的衡量方法。

加德纳·莫尔斯：难道等级评分本身不具有主观性吗？你的 5 分可能就是我的 6 分。

吉尔伯特：假设一家药店出售了一批价格低廉、没有被完全校准的温度计。正常体温的两个人用这种体温计测得的读数可能不是 37℃ 这一正常体温值，体温相同的两个人可能会测出不同的测量值。这些误差可能会导致人们寻求他们不需要的治疗或者错过他们需要的治疗。所以，不合格的体温计有时会造成麻烦，但并不总是这样。例如，如果我把 100 个人带进我的实验室，让他们中的一半人接触流感病毒，然后在一周以后用那批不合格的体温计测量他们的体温，那么接触流感病毒的那些人测得的平均体温几乎肯定会高于其他人的平均体温。有些体温计测量值偏低，有些体温计测量值偏高，但只要我测量的人数足够多，误差就会被抵消。即使用未被校准的仪器，我们也可以对大量人群进行比较，从而得到结果。

定量评估就像一个不合格的温度计，它的误差使它不适用于某些种类的评估（例如，准确地描述 2010 年 7 月 3 日 10 点 42 分约翰有多幸福），但它非常适合于大多数心理科学家所做的各种评估。

加德纳·莫尔斯：所有这些幸福研究者都发现了什么？
吉尔伯特：许多研究都证实了我们一直怀疑的事情。例如，热恋中的人通常比没在恋爱的人更幸福，健康的人比生病的人更幸福，信教的人比不信教的人更幸福，富人比穷人更幸福，等等。

即便如此，这些研究还有一些意外发现。例如，虽然所有这些因素确实能提升人们的幸福感，但令人惊讶的是，它们中的任何一种因素都没有那么重要。没错，新房子或者新配偶会让你感到更幸福，但不会给你增加太多的幸福感，这种幸福感也不会持续太久。事实证明，人们并不擅长预测什么会让他们感到幸福，也不擅长预测幸福感会持续多久。他们会高估积极事件带来的幸福感，也会提前放大消极事件带来的不幸感。在现实生活研究和实验室研究中，我们都发现，赢得或者输掉一次选举，得到或者失去一个浪漫的伴侣，是否得到晋升、是否通过考试，所有这些对幸福感产生的影响都没有人们想象中的那么大。最新一项研究表明，极少有哪种体验在 3 个月以后还会继续对我们产生影响。当好事情发生时，我们庆祝一番后就会清醒过来了。当坏事情发生时，我们哀号一阵儿之后也会振作起来，继续前行。

加德纳·莫尔斯：为什么事件只对幸福感产生如此稍纵即逝的影响呢？

吉尔伯特：一个原因是，人们擅长合成幸福——擅长发现希望。因此，在经历过几乎任何一种创伤或悲剧后，他们的幸福感最终通常都会高于预期。拿起一些报纸，你会发现很多这样的例子。记得因为不正当的图书交易而引咎辞职的美国众议院议长吉姆·赖特（Jim Wright）吗？几年后，他在接受《纽约时报》采访时说，他现在"不管是身体上、经济上、情感上、精神上，还是其他各个方面，几乎都比以前好得多"。还有莫里斯·比卡姆（Moreese Bickham），他在路易斯安那州监狱里待了 37 年，他在获释后说："我从来没有后悔过。这是一段非常愉快的体验。"这些人似乎生活在最美好的世界里。谈到这里，还得说一下甲壳虫乐队原鼓手彼德·贝斯特（Pete Best），1962 年，就在英国甲壳虫乐队名声大噪前夕，林戈·斯塔尔（Ringo Starr）取代了他。现在他是一名在酒吧演出的乐队鼓手。谈起错失成为 20 世纪最著名乐队一员的机会，他是怎么说的呢？"要是留在甲壳虫乐队，我就不会像现在这样幸福。"

在幸福研究中最可靠的发现之一是，我们不必稍有不顺就去求助于心理医生。我们拥有非凡的能力，可以做到随遇而安。大多数人的复原力都超乎他们的想象。

加德纳·莫尔斯：他们不是在自欺欺人吗？难道真实的幸福还不如合成的幸福好？

吉尔伯特：我们要注意措辞。尼龙是真实的，它只是非天然的。合成的幸福是完全真实的，它只是人工合成的。当我们没有得到我们想要的东西时，我们制造出来的是合成的幸福，而当我们得到我们想要的东西时，我们体验的是天然的幸福。虽然它们的起源不同，但从感觉上来看，它们未必有什么不同。这两种幸福并没有哪一种明显比另一种更好。

当然，大多数人并不这么认为。大多数人认为，合成的幸福并不像另一种幸福那么"令人愉快"，制造幸福的人只是在自欺欺人，他们并不是真的幸福。我知道，没有证据表明这种说法就是正确的。如果你双目失明，或者失去一笔财富，你会发现，这些事件转而会给你一种全新的生活体验。而且你会发现，新生活的很多事情都是相当美好的。事实上，你必定会发现几样甚至比你原来的生活更美好的东西。你不是在自欺欺人，你没有产生错觉。在你进入那种新的生活之前，你只是发现了你所不知道的或者无法知道的东西。你在寻找能让你的新生活变得更加美好的东西，你发现了它们，它们让你感到幸福。作为一名科学工作者，最令我感到吃惊的是，我们大多数人并没有意识到，我们如此擅长发现这些东西。我们永远不会说："哦，当然，如果我丢了钱，或者生活抛弃了我，我会想办法让自己可以像现在这样幸福。"我们从来不会这样说，但确实就是这样。

加德纳·莫尔斯：幸福总是令人向往的吗？看看所有不幸福的创造性天才——贝多芬、凡·高和海明威，难道不是一定程度上的不幸福才激发了他们取得卓越成就吗？

吉尔伯特：并非如此！每个人都能想到某个既痛苦又富有创造力的历史人物，但这并不意味着痛苦通常会提升创造力。当然，有人每天抽两包烟还能活到 90 岁，但这并不意味着香烟有益于健康。用逸事来证明一个观点和用科学来证明一个观点之间的区别在于，在科学上，你不能只优先选择有利于你自己观点的例证。你必须调查所有的例证，或者至少对它们进行一次合理的抽样调查，看看是痛苦但富有创造力的人多还是幸福且富有创造力的人多，是痛苦且没有创造力的人多还是幸福但没有创造力的人多。如果痛苦可以提升创造力，那么你就会发现，富有创造力的人在痛苦的人群中所占的比例高于在幸福的人群中所占的比例，然而结果并非如此。总的来说，幸福的人更富有创造力、工作效率更高。是否曾经有过这样一个人，他的痛苦是其创造力的源泉？当然有，但是那个人是例外，不代表规律。

加德纳·莫尔斯：许多管理者会说，心满意足的人不是效率最

高的员工，所以你想让员工为他们的工作稍感不安，也许稍感焦虑。

吉尔伯特：那些收集资料而不依靠直觉判断的管理者不会这么说。据我所知，目前还没有资料表明，处于焦虑和恐惧之中的员工更富有创造力或者工作更富有成效。记住，心满意足并不意味着呆呆地坐在那里盯着墙看。只有当人们感觉无聊的时候才会这样做，更何况人人都讨厌无聊。我们知道，如果人们受到适当的挑战，例如，当他们努力实现一些有难度但又并非遥不可及的目标时，他们的感觉是最幸福的。挑战和威胁并不是一回事。人们受到挑战时会精神振奋，受到威胁时则会萎靡不振。当然，你通过威胁可能会得到你想要的结果。如果告诉某个员工说："如果在周五之前，你没有把这个东西做出来交给我，你就会被解雇。"然后，你很可能会在周五之前拿到你想要的东西，但是，从此以后，你的这位员工可能就变成了这样：尽力诋毁你，对组织不忠诚，绝对不会多做一点儿职责范围之外的工作。比较有效的做法是这样告诉你的员工："我认为大多数人在周五之前都无法完成这项工作，但我完全相信你能做到，并且对你充满信心。这对整个团队非常重要。"心理学家对奖励和惩罚已经研究了一个世纪，研究结论非常明确，那就是奖励更有效果。

加德纳·莫尔斯：因此挑战让人感到幸福。关于幸福的源泉，我们现在还知道什么呢？

吉尔伯特：如果我必须用一个词来概括关于人类幸福的所有科学文献，那么这个词就是"社交"。到目前为止，我们是地球上最具社会性的物种。甚至蚂蚁也不如我们。如果我想要预测你是否幸福，而且我只能知道有关你的一件事情，那么我不想知道你的性别、宗教信仰、健康或者收入。我想知道的是你的社交网络——你的朋友、家人以及你与他们之间的亲密程度。

加德纳·莫尔斯：除了拥有丰富的社交网络，还有什么会让我们每天都感到幸福呢？

吉尔伯特：我非常喜欢心理学家埃德·迪纳（Ed Diener）的一项研究成果。他从本质上表明，你的积极体验频率比你的积极体验强度更适合于预测你的幸福感。当我们思考是什么让我们感到幸福时，我们往往会想到让人产生强烈体验的事件，例如，与一名电影明星约会、获得普利策奖、购买一艘游艇。但埃德·迪纳及其同事已经证明，至关重要的是你有过多少美好的体验，而不是你的体验有多么美好。一个每天都有十几件小喜事发生的人，很可能会比只有一件大喜事发生的人更幸福。所以，穿着舒适的鞋子，给妻子一个深深的吻，偷吃一份炸薯条，这些听起来都是很小的事——确实也都是小事，但这些小事很重要。

我认为这有助于解释为什么很难预测我们的情感状态。我们以为一两件大事会产生深远的影响，但看起来幸福是数百件小事的总和。获得幸福感需要用和减肥一样的方法。试图减肥的人想要一颗可以让他们获得立竿见影效果的神奇药丸。世上并没有这样的灵丹妙药。我们完全了解人们是如何减肥的：他们吃得比较少，锻炼得比较多。他们不必吃得那么少，也不必锻炼得那么多，他们只需要持之以恒地坚持下去，日积月累，效果就会显现出来。幸福也是如此。你所能做的提升幸福感的事情都是平淡无奇的小事，你只需要花费一点儿时间就够了。但你必须每天坚持去做，然后等待结果。

加德纳·莫尔斯：要提升幸福感，我们可以做哪些小事情呢？

吉尔伯特：它们不会比"少吃多运动"更让你惊讶。最重要的事情是坚持冥想、锻炼、睡眠充足等一些简单的行为，并且践行利他主义。你所能做的最"自私"的事情之一就是帮助别人。在收容所当志愿者，你也许能够帮助无家可归的人，你也许不能帮助无家可归的人，但几乎可以肯定的是，你能够帮助自己。你要发展你的社会关系。请每周两次写下让你感恩的三件事，并且告诉某个人为什么。我知道这些听起来像是你祖母的说教，那好吧，你的祖母很有智慧，幸福的秘诀就像是减肥秘诀一样：它不是什么秘密！

加德纳·莫尔斯：如果没有秘密，还有什么可以研究的呢？

吉尔伯特：目前并不缺少需要研究的问题。几十年来，心理学家和经济学家一直在问："谁幸福？富人？穷人？年轻人？老年人？"我们能做的就是把人们分成几组，对他们进行一两次调查，设法确定哪组人的幸福感平均高于其他组的人。我们过去使用的工具是相当笨拙的仪器。但是现在，无数人的口袋里都装着小型计算机——智能手机，这使我们能够从数量庞大的人群中收集实时资料，了解他们某一个时刻在做什么，有什么感受。这在以前是不可能做到的。

我们的合作者之一马特·基林斯沃思（**Matt Killingsworth**）建立了一种被称为"追踪你的幸福"的体验取样应用程序。他通过手机追踪了超过 **1.5** 万人，每天数次询问他们的活动情况和情绪状态。他们现在在家吗？在公共汽车上？在看电视？在祈祷？他们此刻感受如何？他们在思考什么？利用这项技术，马特开始解答一个更好的问题，而不是我们几十年来一直在寻求答案的那个问题。他不会询问谁幸福，但他可能会询问他们什么时候感到幸福。如果直接询问"你什么时候感到幸福？"，他得不到答案，因为坦率地说，人们回答不了这个问题。他获得答案的方法是，追踪人们几天、几个月以及几年，判断他们在做什么以及他们正在做那些事的时候有多幸福。我认为这种技术即将彻底改变我们对日常情绪和人类福祉的理解（参见专栏《幸福研究的未来》）。

加德纳·莫尔斯：幸福研究的新领域是什么？
吉尔伯特：我们必须更详细地了解我们正在衡量的是什么。许多科学家说，他们正在研究幸福感，但当你查看他们正在衡量的内容时，你会发现，他们实际上是在研究抑郁症或者生活满意度。当然，这些事情与幸福感有关，但它们不等同于幸福感。研究表明，从瞬间来看，有孩子的人通常比没有孩子的人更不幸福。但是，有孩子的人可能会有种成就感，没有孩子的人不会有这种成就感。不管是说有孩子的人更幸福，还是说没有孩子的人更幸福，都是没有意义的，因为每一群人都是在某些方面感到更幸福，而在另一些方面感到更不幸福。我们在描绘幸福感的时候，不能一概而论。

加德纳·莫尔斯：所有这类研究最终会让我们变得更幸福吗？

我们正在学习并将继续学习如何才能最大化提升我们的幸福感。所以，没错，这项研究无疑已经帮助我们提升了幸福感，而且还将继续帮助我们不断地提升幸福感。但还遗留一个重要的问题：我们想要的是哪种幸福呢？例如，我们是希望瞬间幸福感的平均值尽可能大，还是希望我们瞬间幸福感的总和尽可能大呢？这二者不是一回事。我们是希望没有痛苦的生活，还是希望这些体验本身具有价值？科学很快就能够告诉我们，如何才能过上我们想要的生活。那将会由我们自己来决定。

幸 福 研 究 的 未 来

马特·基林斯沃思｜文

你以为很容易就能弄明白是什么让我们感到幸福。然而，直到最近，研究人员还不得不主要依赖人们长期提供的关于他们平均情绪状态的信息以及通过调查很容易获得的幸福预测指标（例如人口统计学变量）进行研究。因此，我们知道，已婚者或者富人一般比未婚者或者没有那么富裕的人更幸福。但是，结婚或者有钱为什么会让人感到幸福呢？

关注平均情绪状态还会消除幸福感的短期波动，因而减弱我们对这些波动原因的理解能力。例如，某个人一天中的瞬间生活细节是如何影响这个人的幸福感的？

多亏有了智能手机，我们现在可以开始回答诸如此类的问题。为了正在开展的这个被称为"追踪你的幸福"的研究项目，我招募了来自83个国家的15 000多人，让他们每天用随身携带的设备实时报告他们的情绪状态。我创建了一个苹果手机网络应用软件，以随机的时间间隔向用户询问他们的情绪状态（受访者可以按照从"非常糟糕"到"非常好"的等级滑动按钮）、他们在做什么（他们可以从22个选项中选择，包括通勤、锻炼和用餐）以及诸如他们的工作效率、环境性质、睡眠时长和质量、社会互动等因素。自2009年以来，我们收集了50多万个数据，我知道，这使该项目成为有史以来规模最大的一次关于日常生活幸福感的研究。

其中一项重大发现是，人们的大脑几乎有一半时间处于走神状态，这似乎会导致他们情绪低落。如果人们走神到令人不愉快的事情上，甚至是走神到不带感情的事情上，都会导致幸福感急剧下降，而如果走神到令人愉快的事情上，这对他们的情绪和幸福感都不会产生任何影响。在不同的活动中，走神时间会存在着很大的差异，例如，在上下班路上的时候，人们的走

神时间大约占 **60%**；在与人交谈或者打游戏的时候，走神时间大约占 **30%**；就连做爱的时候，大约还有 **10%** 的时间人们是处于走神状态。但是，不管人们在做什么，他们的大脑走神时都不如他们专注的时候幸福。

所有这些都强有力地表明，为了尽可能地增强我们的情绪健康，我们不仅要关注身体在做什么，我们至少还应该同样关注我们大脑的状态。然而，对我们大多数人来说，关注思想并不是我们日常计划中的一部分。当你周六早晨醒来时问自己："我今天要做什么？"你的回答通常是你要把自己的身体带到哪里去——去海滩，去孩子们的足球训练场，去跑步。你还应该问自己："我今天要用大脑做什么？"

一系列的相关研究都探讨了走神和工作效率之间的关系。许多管理者，尤其是那些下属在从事富有创造性的知识型工作的管理者，可能感觉到做一些白日梦是件好事，可以提供精神上的休息，也许还可以引导人们反思相关工作事宜。遗憾的是，到目前为止的资料表明，在工作的时候走神，除了会降低幸福感，还会降低工作效率。而且，员工的大脑走神程度比管理者可能想到的还要高很多——大约占工作日的 **50%**，他们的思绪几乎总是转移到个人问题上。为了员工和公司的利益，管理者也许要想办法帮助员工专注于工作。

这些资料还反映出个体幸福感的变化情况和不同个体之间的幸福感差异情况。其中最惊人的发现是，瞬间幸福感的变化大于不同人之间的幸福感差异。这表明，幸福的主要驱动力不是诸如我们住在哪里或者我们是否已婚这些稳定的生活条件，最重要的可能是那些日常琐事。

这些资料还表明，工作中的幸福感可能更多地取决于我们的瞬间体验——我们与同事的日常互动、我们参与的项目以及我们每天做出的贡献，而不是取决于那些被认为可以提升幸福感的稳定条件，例如高薪或者显赫的头衔。我目前和未来的研究重点是要把这项跟踪技术应用于工作场所，希望最终能够揭示让员工感到幸福的因素究竟是什么。

图 1 显示了参与者被问到的在 22 项活动中的心情和走神情况。球代表着他们的活动和思想。球越靠近右侧，总体来说人们越幸福。球越大，他们参与活动或者思考的频率越高。

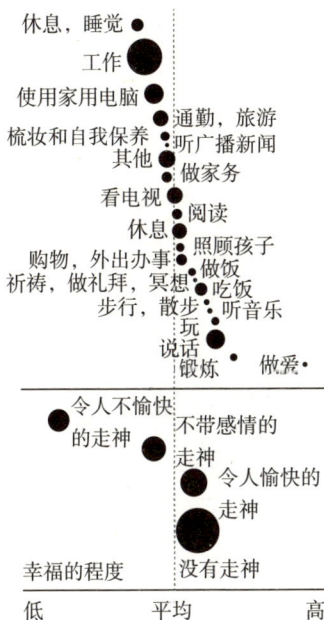

图 1 专注的大脑是快乐的大脑

作者简介

丹尼尔·吉尔伯特

哈佛大学埃德加·皮尔斯心理学教授,他的研究和教学获得了许多奖项,包括美国心理学会颁发的青年心理学家杰出贡献奖。他是《哈佛幸福课》的作者,并且是美国公共电视台系列节目《情感生活》的主持人。

加德纳·莫尔斯

《哈佛商业评论》的高级编辑。

安妮·麦基（Annie McKee）｜文

快 乐 工 作 很 重 要

以前很多人认为，不一定非要快乐地工作才能获得成功，也不必喜欢与你一起工作的人或者接受他们的价值观。按照这种思维，"工作并不关乎人际关系"。其实这种观点是严重错误的。

我对数十家公司和数百人进行的相关研究，还有理查德·戴维森（Richard Davidson）、V. S. 拉马钱德兰（V. S. Ramachandran）等神经科学家和肖恩·埃科尔等学者的研究，都表明一个简单的事实，即幸福的人是那些更优秀的员工。那些投入工作并与同事融洽相处的人工作更努力，而且更聪明。

然而，怠工的人数高得令人震惊。令人清醒的是，2013 年盖洛普的一份报告显示，只有 30% 的美国劳动力敬业。这与我在工作中看到的情况很一致。很多人"在情绪和智力上"没有真正忠诚于他们的组织。[1] 许多人毫不在乎他们周围正在发生着什么，对他们来说，周三是

"驼峰日"①，他们只是工作到周五。另外，根据同一份盖洛普报告，钟形曲线还有另一端，几乎有 1/5 的员工活跃地怠工。这些人故意妨碍项目开展，诋毁同事，通常还在他们的工作场所肆意捣乱。

这份盖洛普报告还指出，尽管多年来经济形势跌宕起伏，但员工敬业度基本上保持不变。可怕的是，我们不敬业，而且我们已经很长时间不敬业了。

怠工、不幸福的人并不是可以运作的任何资金，也增加不了太多价值，他们用极度消极的方式影响着我们的组织（和经济）。更糟糕的是领导者怠工，因为他们的态度会感染其他人。他们的情绪和心态会极大地影响其他人的心情和绩效。毕竟，我们的感受和想法与思维方式有关。换句话说，思想影响情绪，而情绪影响思维。[2]

---

① 驼峰日（hump day），是周三的代名词，通常是一周中最难过的日子，但也是最充满希望的时日，因为周三是一周里中间的那一天，过了这一天周末就更近了。在描述难熬的一周时，经常用到这个词。——译者注

是时候摧毁情绪与工作无关这一神话了。科学证明我们是正确的：从神经学上来看，情感（feelings）、思想（thoughts）和行为（actions）之间有着明显的联系。[3]当我们被强烈的消极情绪控制时，就像眼睛被蒙上了一样。我们主要——有时只是关注痛苦的根源。我们也不会处理信息、创造性地思考或者做出正确的决策。挫折、愤怒和压力使我们关闭自己的一个重要组成部分，即思考和敬业的部分。[4]怠工是对无处不在的消极情绪的一种自然的神经和心理响应。

但是，我们需要注意的不仅仅是积极情绪，极强的积极情绪也能产生同样的影响。[5]一些研究表明，太多的幸福会让人缺乏创造性，容易热衷于风险更高的行为（想想当我们坠入爱河时，我们的一些行为就像傻瓜一样）。工作中，我在营销会议和公司动员大会上看见一群人激动得进入疯狂状态。这些会议几乎不会有什么学问和创新。只要多喝一些酒，你就会有一大堆的问题。

如果我们一致认为，我们在工作中的情绪状态很重要，那么怎么做才能提高敬业度、提升绩效呢？

在过去几年里，我和我在泰里欧斯领导力学院的团队研究了几十个组织，采访了成千上万的人。有关人类情绪和敬业度之间联系的早期研究结果极具吸引力。不管人们来自哪里，为谁工作或者在什么领域工作，他们在想要的和需要的方面都有着明显的相似之处。我们通常认为不同行业和世界各地存在着巨大的差异，但这项研究对这一假设提出了挑战。

几乎每个人都表明，要想十分敬业和十分幸福，我们需要三样东西：

1. 有意义的愿景：当人们对我们的研究团队谈起什么在他们的组织中发挥作用，什么不发挥作用，以及最能帮助和妨碍他们的是什么时，他们谈论的都是愿景。人们想要的是能够看见未来，并且想知道他们怎样才能走向未来。正如我们从与组织行为专家理查德·博亚茨（Richard Boyatzis）一起进行的这项工作中所了解到的一样，当人们有一个与组织愿景有关的个人愿景时，他们就会学习和改变。[6]可悲的是，太多的领导者没有描绘出一个非常有吸引力的未来愿景，他们没有努力将它与员工的个人愿景联系在一起，他们没有与员工好好沟通。因此，结果就是他们失去了人心。

2. 使命感：人们希望能感觉到他们的工作很重要以及他们的贡献有助于取得真正重要的成就。除了那些高层的人，股东价值并不是可以让他们兴奋并引起他们兴趣的一个有意义的目标。他们想要知道，他们及其组织是否正在做着对其他人来说至关重要的大事。

3. 良好的人际关系：我们知道，人们会加入一个组织，也会离开一个老板。[7]与老板之间的不和谐关系是非常令人痛苦的，与同事之间的糟糕关系也一样非常令人痛苦。领导者、管理者和员工都告诉我们，亲密、信任和鼓励的关系对他们的心态非常重要，这样的关系才会让他们心甘情愿地为团队做出贡献。

总之，脑科学和组织研究其实都在揭示古老神话的真相：情绪在工作中至关重要，幸福感很重要。要想十分敬业，人们需要愿景、使命感以及良好的人际关系。

作为员工，我们应该在工作中找到实现我们价值观的方式，建立良好的人际关系。作为领导者，其有责任创建一个员工可以茁壮成长的环境。这很简单，而且切实可行：如果你想要一个敬业的员工队伍，那么你得注意如何创造一个愿景，将员工的工作与公司的更大目标联系在一起，并奖励那些与别人和谐相处的个人。

作者简介

安妮·麦基

宾夕法尼亚大学高级研究员、PennCLO 高管博士项目主管、泰里欧斯领导力学院创始人。她和丹尼尔·戈尔曼（Daniel

Goleman）、理查德·伯亚斯（Richard Boyatzis）合著有《本能领导力》（*Primal Leadership*）、《共鸣领导学》（*Resonant Leadership*）和《高情商领导力》（*Becoming a Resonant Leader*）。这篇文章的观点在安妮·麦基的新书《如何快乐地工作》（*How to Be Happy at Work*）中有更详细论述，该书由哈佛商业评论出版社出版发行。

注释

1. A. K. Goel et al., "Measuring the Level of Employee Engagement: A Study from the Indian Automobile Sector." *International Journal of Indian Culture and Business Management* 6, no. 1 (2013): 5–21.

2. J. Lite, "*MIND* Reviews: *The Emotional Life of Your Brain*," *Scientific American MIND*, July 1, 2012, http://www.scientificamerican.com/article/mind-reviews-the-emotional-life-of/.

3. D. Goleman, *Destructive Emotions: A Scientific Dialogue with the Dalai Lama*. (New York: Bantam, 2004).

4. D. Goleman et al., *Primal Leadership: Unleashing the Power of Emotional Intelligence*. (Boston: Harvard Business Review Press, 2013).

5. J. Gruber, "Four Ways Happiness Can Hurt You," *Greater Good*, May 3, 2012, http://greatergood.berkeley.edu/article/item/four_ways_happiness_can_hurt_you.

6. R. E. Boyatzis and C. Soler, "Vision, Leadership, and Emotional Intelligence Transforming Family Business," *Journal of Family Business Management* 2, no. 1 (2012) 23–30; and A. McKee et al., *Becoming a Resonant Leader: Develop Your Emotional Intelligence, Renew Your Relationships, Sustain Your Effectiveness.* (Boston: Harvard Business Review Press, 2008). http://www.amazon.com/Becoming-Resonant-Leader-Relationships-Effectiveness/dp/1422117340.

7. "How Managers Trump Companies," *Gallup Business Journal,* August 12, 1999, http://businessjournal.gallup.com/content/523/how-managers-trump-companies.aspx.

幸福感

四

特雷莎·M. 阿马比尔（Teresa M. Amabile） | 文
史蒂文·J. 克雷默（Steven J. Kramer）

进 步 感 的 力 量

激励组织内部创新行为的最好方法是什么？重要线索就隐藏在享誉全球的创造者的那些故事里。事实证明，普通科学工作者、营销人员、程序员以及其他默默无闻的知识型工作者，他们的日常工作都需要富有创造性的生产力。大多数管理者并没有意识到，他们和著名的创新者有着较多的相同之处，对他们来说，点燃工作激情、增加工作动力和激发感知的那些日常工作事件基本上都是一样的。

1968年出版的那本《双螺旋结构》（*Double Helix*）是一部记述发现DNA（脱氧核糖核酸）结构的回忆录，作者是詹姆斯·沃森（James Watson），他和弗朗西斯·克里克（Francis Crick）最终因为这项发现而获得诺贝尔奖。他在书中描述，他们的情绪就像过山车一样，随着这项工作取得进展和遇到挫折而大起大落。詹姆斯·沃森和弗朗西斯·克里克先是为首次尝试建构DNA模型兴奋不已，之后他们又看到一些严重的错误。正如詹姆斯·沃森所言："在模型刚开始构建的时候……（我们）并不快乐。"

那天晚上晚些时候，"模型开始成型的那一刻，我们又振作起来"。但是，当他们向同事展示自己的"重大突破"时，发现他们的模型解释不通。在接下来的日子里，他们疑虑重重，动力减退。当他俩最终取得真正的突破时，他们的同事再也没有发现其他任何错误，沃森这样写道："我的士气高涨，因为我猜想当时已经找到了这个难解之谜的答案。"沃森和克里克受到这种成功的激励，为了努力完成这项工作，他们实际上天天住在实验室里。

从头到尾，沃森和克里克的工作进展情况都一直在控制着他们的情绪反应。最近在对组织内部创新行为进行研究的过程中，我们碰巧发现了一种非常相似的现象。通过详细分析知识型工作者的日志，我们发现了"进步原理"。在所有能够提升员工激情、动力和感知的事件中，最重要的一件事是在有意义的工作中取得进步。而且，从长远来看，人们越频繁地体验这种进步感，他们越有可能创造性地提升工作效率。无论他们是在试图解开一个重大的科学奥秘，还是在简单地生产出高质量产品或者提供高质量服务，哪怕每天只是取得小小的成功，也能够极大地影响着他们的感受和表现。

追求进步是人类的天性，但很少有管理者理解这一点，因而也就不知道如何利用进步来增加动力。事实上，工作动力一直是一个长期争论的话题。在一项关于激励员工的关键因素调查中，我们发现，一些管理者把对良好工作表现的认可作为最重要的因素，另一些管理者则更加迷信物质激励法。一些管理者把重点放在人际支持的价值上，而仍然有一些管理者认为，明确的目标才是最重要的因素。有趣的是，在接受我们调查的管理者中，极少有人把进步排在第一位（参见专栏《给管理者的惊喜》）。

如果你是一名管理者，那么，进步原理就会对你的工作重点具有明确的指导意义。它表明，你对员工的幸福感、工作动力和创新成果的影响可能会出乎你的意料。了解什么有利于或者不利于促进和推动工作进步，被证明是有效地管理员工及其工作的关键。

接下来我们要分享的是我们的相关研究成果，即进步的力量以及管理者如何利用它。我们将详细说明如何才能把对进步的关注转化为具体的管理行为，并且提供一份有助于使这种管理行为成为习惯的清单。但是，为了阐明这些行为为什么如此奏效，我们首先阐述我们的这项研究并介绍知识型工作者的日记揭示了"工作心理"的哪些内容。

给 管 理 者 的 惊 喜

1968 年，弗雷德里克·赫茨伯格（Frederick Herzberg）在《哈佛商业评论》上发表了一篇经典之作，题目为《再论如何激励员工》，我们的研究结果与他的观点是一致的，即当工作给人们提供体验成就感的机会时，他们就最会对自己的工作感到满意，因而最有工作动力。在本文所叙述的这项日志研究中，我们极其仔细地实时分析了发生在工作中的数千个事件，发现了产生成就感的机制，即持续取得有意义的进步。

然而，管理者似乎并没有记住赫茨伯格的话。为了评估人们对日常工作进步的重要性是否有与时俱进的意识，我们最近对来自世界各地的数十家公司的 669 名不同级别管理者进行了一项调查。我们询问哪些管理方法可能会影响员工的工作动力和激情。受访者对 5 种管理方法按照重要性进行了排序，即对工作中取得进步的支持，对良好工作表现的认可，激励，人际支持以及明确的目标进行排序。

在接受我们调查的管理者中，**95%** 的管理者应该会惊讶地得知支持进步是增加工作动力的首要方法，因为 **95%** 就是没有把进步放在第一位的管理者所占的比例。事实上，只有 **35%** 的管理者把进步列为主要激励因素，但它的激励作用只占 **5%**。绝大多数受访者把对取得进步的支持列为最后一个激励因素，并把它列为影响情绪的第三个因素。他们把"对良好工作表现的认可（无论公私）"作为激励员工以及让他们感到幸福的最重要因素。根据我们的这项日志研究，认可肯定可以提升工作心理素质，但它的作用不如进步大。此外，如果没有工作成果，也就没有什么值得认可的了。

工作心理和工作绩效

近 15 年来，我们一直在研究组织内部从事复杂工作的那些人的心理体验及其工作绩效。在这项研究早期，我们认识到，创造性高绩效的核心驱动因素是一个人的工作心理素质，即工作期间的激情、动力和感知的组合。员工是否感到幸福，他们对工作的内在兴趣能否给予他们动力，他们是否以积极的心态看待组织、管理、团队、工作以及他们自己，所有这些因素结合在一起，不是推动他们取得更大的成就，就是把他们弄得意志消沉。

为了深入了解这种内在动力，在历时超过 4 个月的项目研究过程中，我们要求项目团队中每一位成员在当天工作结束时回复一封邮件调查 [有关这项研究的更多信息，请参见我们的论文《工作心理：了解企业绩效的潜在原因》（ 2007 年 5 月，《哈佛商业评论》）]。这些项目都需要创造力，例如，设计厨房设备，管理清洁工具的生产线以及为一家酒店帝国解决复杂的 IT（信息技术）

难题。每日调查询问的内容是受访者当天的情绪和心情，动力水平，对工作环境的感知以及当天所做的工作、什么事件引起他们的关注。

来自7家公司、26个项目团队的238人参与了这项调查，我们得到了将近12 000条日志记录。自然，受访者中的每一个人都体验过情绪的高涨和低落。我们的目的是了解工作心理状态以及与工作中最高水平的创新成果有关的工作日事件。

人们通常认为高压和恐惧可以激励员工取得工作成就，然而我们在强烈反驳这一观点时发现，至少在知识型工作领域中，当人们的工作心理处于积极状态的时候，即当他们感到幸福，内在驱动力源自工作本身，以积极的心态看待他们的同事和组织的时候，他们更富有创造力，工作效率更高。此外，在情绪积极的状态下，人们更愿意致力于工作中，与周围人更能融洽相处。我们明白，工作心理每天都可能会有波动，有时会剧烈地波动，工作绩效也会随之变化。一个人某一天的工作心理影响着他或她当天的工作绩效，甚至会影响到第二天的工作绩效。

当搞清楚这种"工作心理效应"的时候，我们就把调查转向管理行为是否有可能以及如何才能有效地发挥作用上。什么事件可能会激起积极或者消极的情绪，产生动力并唤起感知？答案就在受访者的日志里，我们从中可以找到对工作心理产生积极或者消极影响的可预见的激励因素。即使考虑到个体之间的差异，对每一个人来说这些激励因素几乎也是一样的。

进步的力量

在寻找工作心理激励因素的过程中，我们发现了进步原理。根据受访者的整体心情、特定情绪和动力水平，对最美好的日子和最糟糕的日子进行比较，我们发现，个人或者团队在工作中取得的任何进步都是开启"最美好的日子"的最常见事件，挫折则是开启"最糟糕的日子"的最常见事件。

举个例子，工作进步与工作心理之间的联系纽带是什么？整体心情等级。76%的人在心情最好的日子里会有进步，相比之下，只有13%的人出现了挫折（见图2）。

另外两种工作心理激励因素还经常出现在最美好的日子里：第一种是催化剂，即直接支持工作的行为，包括来自个人或团体的帮助；第二种是营养剂，诸如表示尊重和鼓励的话语。每一种激励因素都有与其对立的因素：与催化剂对立的因素是抑制剂，即无法支持或者极大阻碍工作的行为；与营养剂对立的因素是毒素，即阻止或者破坏工作的事件。然而，催化剂和抑制剂是针对项目，营养剂和毒素是针对人。就像挫折一样，抑制剂和毒素很少出现在工作心理状态极好的日子里。

发生在情绪最差的日子里的事件几乎与那些发生在情绪最好的日子里的事件形成鲜明的对比。例如，在情绪最差的日子里，挫折占主导地位，出现在67%的日子里，进步只出现在25%的日子里。许多糟糕的日子里还有抑制剂和毒素的痕迹，很少有催化剂和营养剂的痕迹。

进步（即便是小进步）出现在人们所说的许多好心情的日子里。糟糕的日子里出现的事件（例如挫折和其他障碍）与美好的日子里出现的事件形成了鲜明的对比。

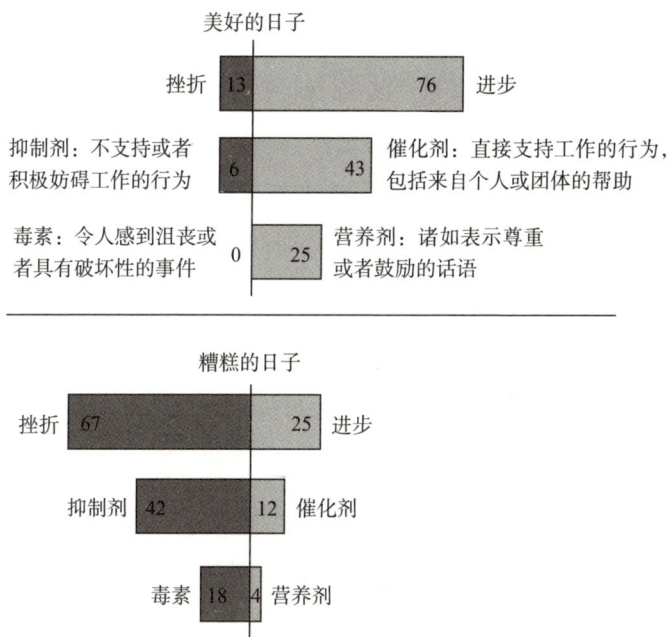

美好的日子

挫折 13　76 进步

抑制剂：不支持或者
积极妨碍工作的行为　6　43　催化剂：直接支持工作的行为，
包括来自个人或团体的帮助

毒素：令人感到沮丧或
者具有破坏性的事件　0　25　营养剂：诸如表示尊重
或者鼓励的话语

糟糕的日子

挫折 67　25 进步

抑制剂 42　12 催化剂

毒素 18　4 营养剂

图 2　在美好的日子和糟糕的日子里会发生什么

这是一种显而易见的进步原理：如果一个人在工作日结束的时候精神振奋并且很快乐，那么他或者她肯定取得了一些进步。如果这个人心灰意冷，很不高兴，慢吞吞地离开办公室，那么挫折最有可能就是罪魁祸首。

在分析受访者填写的 12 000 份每日调查报告时，我们发现进步和挫折影响着工作心理的三个方面。在取得进步的日子里，我们的受访者报告的是更为积极的情绪。他们不仅总体情绪更为乐观，同时还表露出更多的喜悦、热情和骄傲。当他们遭受挫折的时候，他们体验到更多的失意、恐惧和悲伤。

动力也会受到影响。在取得进步的日子里，人们的内在动力更多地源于对工作本身的兴趣以及工作带来的乐趣。在遭受挫折的日子里，他们的内在动力不仅降低，认可带来的外在动力也随之降低。显然，挫折通常会导致一个人对工作毫无兴趣，毫不情愿地工作。

感知在许多方面也会存在差异。在取得进步的日子里，人们用更积极的心态面对工作中的挑战。他们认为团队成员之间有更多的相互支持，还报告说他们的团队和管理者之间有着更积极的互动关系。在许多方面，当人们遭遇挫折的时候，感知力会变差，他们发现工作中很少有积极的挑战，认为他们在执行这项工作的过程中自由度较小，报告说他们的资源不够。在遭受挫折的日子里，受访者认为，他们的团队和管理者给予的支持比较少。

当然，我们通过分析可以建立相关性，但我们的分析并没有证明因果关系。工作心理上的这些变化是进步和挫折带来的结果还是它们产生的原因呢？单靠这些数字无法回答这一问题。然而，从成千上万条日志记录中可以看出，伴随进步而来的常常是更积极的感知、成就感、满足感、幸福感，甚至是兴高采烈。例如，一名程序员在取得进步后写下这条日志记录："我解决了几乎令我沮丧一周的那个程序错误，对我来说，这可能不是什么大事，但我的生活太过单调乏味，所以足以让我兴奋不已。"

同样，我们也看到，伴随挫折而来的常常是越来越糟的感知、受挫、悲伤，甚至是厌恶。比如，另一名从事产品营销工作的受访者这样写道："我们耗费了很多时间修改这份费用削减项目清单，但把所有数据进行合计以后，我们仍然没有达到目标。耗费这么多的时间和精力，仍然无法实现目标，这确实令人感到沮丧。"

几乎可以肯定因果关系是双向的，管理者可以利用进步和工作心理之间的这种反馈循环，促使它们更好地发挥作用。

小里程碑

当我们想到进步的时候，我们通常会想象一下，实现一个长期目标或者体验一次重大突破的那种感觉多么美妙。这些重大的成功确实令人心情愉快，但它们发生的概率相对较低。幸好，即使是小成功，也能够极大地提升工作心理素质。从这项研究中受访者提供的许多进步事件来看，它们都只是微小的进步，然而，它们往往能引起特大的积极反应。我们来看看来自一家高科技公司的一名程序员的这条日志记录，其中她还以非常积极的心态对自己当天的情绪、动力和感知进行自我评价："弄明白问题出在哪里，我感到轻松愉快，因为这对我来说是一个小里程碑。"

即使是一般的渐进式进步，也能提高人们对工作的敬业度及其工作幸福感。受访者提供的所有不同类型的事件中，虽然相当一部分（28%）的事件只对项目产生轻微的影响，但它们极大地影响着人们对项目的情感。因为工作心理对创造力和工作效率有着非常强大的影响，而且，因为许多人分享的那些微小而持续的进步可以积聚成卓越的执行力，所以往往不被注意到的那些进步事件对组织的整体绩效起着至关重要的作用。

不幸的是，事情还有另一面。小损失或者小挫折同样可以对工作心理产生极其消极的影响。事实上，我们的研究以及其他人的研究都表明，与积极事件相比，消极事件可能会产生更严重的影响。因此，对管理者来说，尤为重要的是要尽量减少日常烦心事（再次参见图2）。

在有意义的工作中取得进步

我们已经表明，当员工能够逐步实现一个目标时，那是一件多么令人高兴的事，不过，回想一下我们之前所说的，激励员工绩效的关键是要支持在有意义的工作中取得进步。取得进步可以提升你的工作心理素质，但其前提是工作对你很重要。

考虑一下你曾经做过的最枯燥无味的工作。许多人提到的是他们青少年时期做过的第一份工作，例如，在餐厅厨房里洗盘子，或者在博物馆里负责外套存放。在像这样的工作中，进步的力量似乎很难找到。无论你工作多么努力，总有更多的锅碗瓢盆要洗，更多的外套要存放，只有在一天结束打卡时，或者在周末拿到薪水时，你才会产生一种成就感。

在具有更大挑战和更大创意空间的工作中，就像我们的研究中受访者所做的那些工作一样，简单地"取得进步"——完成任务，并不能保证人拥有健康的工作心理。比如，即使你努力工作完成任务，在那些令你感到消沉、失意和沮丧的日子里或者项目中，你可能也有过这种令人心情不爽的真实体验。可能的原因是，你认为自己完成的任务是无关紧要的或者是毫不相关的。要使进步原理发挥作用，需要保证这项工作对从事它的人来说有意义。

1963年，史蒂夫·乔布斯（Steve Jobs）设法吸引约翰·斯卡利（John Sculley）放弃百事公司（PepsiCo）那份极其成功的事业，到苹果公司担任首席执行官。据报道，乔布斯这样问他："你想要把余生都耗在卖糖水上，还是想有机会改变世界？"乔布斯的说辞利用的就是一种强大的心理作用力，即人类内心深处对从事有意义的工作的渴望。

幸运的是，有意义的工作不一定非得是为普通人提供第一台个人电脑、消除贫困或者帮助治愈癌症。即使工作对社会没那么重要，只要它为员工所重视的人或事创造了价值，那么它可能就很重要。意义可以很简单，就像为客户制造一个高质量的有用产品或者为一个社区提供真诚服务一样。它可以是为一位同事提供支持，或者通过减少生产流程中的效率低下情况来提高组织的利润。无论是崇高的目标，还是平凡的目标，只要这些目标对员工有意义，并且他们的付出明显对它们做出了贡献，那么朝着目标取得的进步就能够提升工作心理素质。

原则上，管理者不应该费很大力气给工作赋予意义。现代组织中的大多数工作对从事它的那些人来说可能都有意义。无论如何，管理者可以确保员工知道自己的工作产生了怎样的贡献。而且最重要的是，他们可以避免采取否定其价值的管理行动（见专栏《工作是如何失去意义的》。我们研究中的所有受访者都在做着有意义的工作，没有人洗盘子或者负责外套存放。然而，通常令人震惊的是，我们见证了原本极为重要、极具挑战性的工作失去了其激励人们的力量。

工 作 是 如 何 失 去 意 义 的

在我们的受访者中，有 238 名来自创新性项目的知识型员工，从他们的日志记录可以看出，管理者无意之中使工作失去意义的途径主要有 4 种。

管理者可能会忽视员工的工作或者想法的重要性。以理查德为例，他是一名化工公司的高级实验室技术员，他发现帮助新产品开发团队解决复杂的技术难题很有意义。然而，在为期三周的团队会议中，理查德感觉团队领导者忽视他和队友的建议。因此，他感觉自己所做的贡献没有意义，于是情绪低落下来。最后，当他认为自己再次为项目的成功做出重大贡献时，他的心情很好："在今天的团队会议上，我感觉好多了。我觉得我的意见和数据对这个项目很重要，我们已经取得了一些进步。"

管理者可能会破坏员工对工作的主人翁意识。频繁和突然的调动往往会产生这种影响。在一家大型消费品公司，这种情况重复发生在产品开发团队成员的身上，就像团队成员布鲁斯所描述的："当我不停地在移交一些项目的时候，我确实意识到自己不愿意放弃它们。尤其是你从一开始就负责它们，结果到接近尾声的时候，你却失去了所有权。这种情况经常发生在我们身上。"

管理者可能会释放出这样的信息，即员工正在做的工作永远没有机会面世。他们释放出这样的信息可能是在无意之中，比如，他们改变优先事项，或者改变他们如何做某件事的想法。在一家互联网技术公司，我们就看到了第二种情况，它就发生在用户界面开发者伯特已经耗费几周时间，为非英语用户设计无缝切换之后。毫不奇怪，在伯特报告这件事的那天，他的心情被弄得糟糕透了："在团队会议上，交给团队的任务是国际界面的其他语种工作，这可能会导致我正在做的这项工作变得毫无价值。"

他们可能会忘记告知员工客户优先级的意外变化。通常，这是源自客户管理不善或者公司内部沟通不够。例如，一家 IT 公司的数据转换专家斯图尔特报告说，在得知团队几周时间的努力工作可能会化为泡影时，他深感沮丧，动力减退："我发现，由于客户议程变化，项目很有可能无法推进。因此，把所有的时间和精力都花在这个项目上，很有可能是在浪费我们的时间。"

支持进步：催化剂和营养剂

管理者做什么才能确保人们积极、忠诚和幸福呢？他们如何才能支持员工的日常进步？他们可以使用我们在"最美好的日子"里发现的催化剂、营养剂以及其他常见事件。

催化剂是支持工作的行为，包括制定明确的目标，允许自主权，提供足够的资源和时间，协助工作，以开放的心态从工作成败中学习，允许自由交换意见。与其对立的因素是抑制剂，包括无法提供支持和极力妨碍工作。因为催化剂和抑制剂对进步的影响，它们最终会影响工作心理。不过，它们还会产生更直接的影响：如果人们意识到他们拥有明确且有意义的目标、充足的资源、乐于助人的同事等，他们对出色地完成一项工作的激情和动力就会立即增加，对这项工作和组织的感知能力也会瞬间提升。

营养剂是那些提供人际支持的行为。例如，给予尊重和认可、激励、情感慰藉以及归属机会。与其对立的因素是毒素，包括无礼、沮丧、漠视情绪、人际冲突。无论好坏，营养剂和毒素都会立刻对工作心理产生直接的影响。

催化剂、营养剂以及与其对立的因素，都能够通过改变人们对工作和他们自己的感知来改变工作的意义。例如，如果一名管理者能够确保员工拥有所需要的资源，那么，传达给员工的信号就是，他们正在做着的工作很重要，很有价值。如果管理者对员工的工作给予认可，那么，传达给员工的信号就是，他们对组织很重要。这样，催化剂和营养剂就能赋予工作更大的意义，从而放大进步原理的作用。

由催化剂和营养剂组成的管理行为并不是特别神秘。如果不只是常识和基本礼仪，它们听起来也可能是像"管理学 101"[①] 这样的基础知识。但我们通过对受访者日

①　管理学 101（Management 101），101 代表了管理学中最经典的 101 个管理名词。——译者注

志的研究发现，它们常常被忽视或遗忘。即使是那些受访公司里的一些比较关注细节的管理者，也没有坚持提供催化剂和营养剂。例如，有一位名叫迈克尔的供应链专家，从许多方面和大多数日子来看，他都是一名优秀的小组管理者。但他偶尔也会不堪重负，从而变成毒素，对组员产生消极的影响。当一名供应商没能按时完成一份"棘手的"订单时，为了赶上客户的最后期限，迈克尔的团队不得不采用空运方式送货，这时候他意识到销售利润可能会化为泡影。他冲着自己的下属大发雷霆，贬低他们所做的扎实工作，无视他们对供应商的失望。他在日志记录中如实承认："截至周五，我们已经花费2.8万美元的空运费，向我们的第二大客户发送了1 500把价值30美元的喷雾式拖把。这份订单剩下的2 800把，很有可能也得采用空运方式为客户送货。我原本是一位善解人意的供应链管理者，现在却变成了戴着黑色面具的刽子手。所有类似于礼貌的东西荡然无存，我们已经被逼入绝境，已经无路可逃，唯有背水一战。"

即使没有被逼入绝境，管理者也可能会认为，确保下属得到他们不断进步所需要的支持，让他们感觉得到应该有的支持，往往都不如制定长期战略和启动新举措更为重要，更有吸引力。但是，正如我们在研究中反复看到的一样，即使是最好的战略，如果管理者忽视那些在一线工作的员工，也会以失败告终。

模范管理者及一种模拟方法

我们可以讲解许多能够促进进步和提升士气的举措，不过，这些举措在很大程度上并不足为奇，也许更为有用的做法是给出一个管理者的榜样，说明他是怎样坚持使用这些举措的，然后提供一种简单的方法，帮助任何一名管理者都能够像他一样做好管理工作。

我们研究的这位模范管理者名叫格雷厄姆，他在一家我们称之为克鲁格－伯恩（Kruger-Bern）的欧洲跨国公司里工作，领导着一个化学工程师小组。这个团队负责一个新聚合物项目，他们的任务十分明确，并且很有意义，即开发一种安全、可生物降解的聚合物，以取代化妆品中的石油化工产品，并最终应用于各种不同的消费产品。然而，与许多大公司一样，这个项目陷入一种混乱、时而险恶的公司环境中，企业高层不停地改变着优先事项，发出自相矛盾的信号，所做的承诺也是说变就变。资源紧张得令人焦虑不安，项目的未来以及每一个团队成员的事业都笼罩着一层不确定性。更糟糕的是，项目开展初期就发生了一次事件，一位重要客户为一个样本大发雷霆，这让团队感到震惊。然而，格雷厄姆能够一次又一次地扫清障碍，从物质上支持团队进展，并且从感情上支持团队，以此来维持团队成员的工作心理状态。

格雷厄姆的管理方法的卓越之处主要体现在4个方面。第一，他逐步建立一种积极的氛围，在一次次事件中为整个团队建立行为规范。例如，当客户的投诉阻碍项目进展时，他立即与团队一起着手分析问题，不但没有反唇相讥，还制订一项修复客户关系的计划。在分析问题和制订计划的过程中，他将如何应对工作中的危机形成一种范式：不要惊慌失措，也不要横加指责，而是要找出问题并分析原因，制订一项协调行动计划。即使在面对任何一个复杂项目中固有的错误和失败时，这也能给下属一种进步的感觉，因此这既是一种切实可行的做法，也是一种极好的方法。

第二，格雷厄姆密切关注团队每日的活动和进步。事实上，他建立了一种不按照个人标准进行评定的客观氛围，从而让这一切很自然地发生。在他没有询问的情况下，团队成员经常向他主动汇报最新情况，例如，遇到的挫折、取得的进步以及制订的计划。有一次，一位最努力工作的同事布雷迪不得不中止一项新材料试验，因为他无法在设备上设置正确的参数。这是坏消息，因为新聚合物团队每周只有一天可以使用设备，但是，布雷迪立即将这个消息告知格雷厄姆。布雷迪在他当天晚上的日志里这样写道："尽管他不愿意失去这一周一次的机会，但他似乎还是给予了理解。"这种理解保证了格雷厄姆信息灵通，使他能够给同事提供他们取得进步所需要的支持。

第三，格雷厄姆根据团队和项目的最新情况，确定他应该提供什么样的支持。他每天都会预测，采取哪种类型的干预可能会对团队成员的工作心理和进步产生最大的影响，是催化剂还是消除抑制剂？是营养剂还是某种毒素的解药？如果他无法做出判断，他就会去请教。这在大多数日子里并不难弄清楚，就像那天他得到了有关老板支持这个项目的一些鼓舞人心的消息。他知道，团队对有关公司重组的传闻感到紧张不安，他可以利用这些激励人心的好消息提升士气。尽管他是在理应休假的日子里才弄清楚情况，但他还是立即打电话向他的队友转达了这一好消息。

第四，格雷厄姆使自己成为团队成员的一种资源，而不是一名"微观管理者"；他肯定会进行绩效谈话，看起来却从来不像是在检查团队成员。从表面上来看，绩效谈话和检查好像十分相似，但微观管理者会犯 4 种错误。首先，他们在开展工作过程中不允许员工有自主权。格雷厄姆不同，格雷厄姆给新聚合物团队制定了一个明确的战略目标，他尊重团队成员关于如何实现这一目标的想法，而微观管理者事事都要管。其次，微观管理者经常盘问下属的工作情况，却不提供任何真正的帮助。相比之下，当格雷厄姆的一名团队成员向他汇报问题时，格雷厄姆帮助分析这些问题，以开放的心态听取不同的解释，最终通常是帮助下属，让事情重新走上正轨。再次，当问题出现时，微观管理者很快就会追究个人责任，导致下属隐瞒问题不报，而不是像格雷厄姆对待布雷迪那样，坦诚地讨论如何解决问题。最后，微观管理者倾向于囤积信息，以用作秘密武器。很少有人意识到，这会对工作心理带来多大的破坏性。当下属意识到管理者在隐瞒可能有用的信息时，他们会感到自己被当成了三岁小孩愚弄，他们的动力就会减退，进而妨碍他们的工作。格雷厄姆则不然，他很快就传达了高层管理人员对项目的看法，客户的意见和需求，组织内外援助或者阻力的可能来源。

格雷厄姆就是采用这些方法使他的团队保持着积极情绪、内在动力和良好感知。在各级管理者如何才能持之以恒地鼓励进步方面，他的管理行为就是一个强有力的榜样。

我们知道，不管初衷有多么好，许多管理者都会发现很难养成格雷厄姆身上那些好像与生俱来的习惯。当然，意识是第一步。然而，把意识到工作心理的重要性转化为日常行为还需要训练。考虑到这一点，我们制定了一份清单，以供管理者每日翻阅（参见专栏《日常进步核查清单》）。这份清单的目的是设法取得有意义的进步，每日一次。

日　常　进　步　核　查　清　单

请在每个工作日接近尾声的时候，使用这份核查清单来回顾当天的情况，并且计划你第二天的管理行为。几天以后，你通过浏览黑体字就会找到问题。

首先，把注意力集中在进步和挫折上，并考虑促成它们的具体事件（催化剂、营养剂、抑制剂和毒素）。接下来，考虑一下任何清晰的工作心理线索以及它们提供的关于进步和其他事件的更多信息。最后，确定行动的优先顺序。

第二天的行动计划是你每日回顾中的最重要部分：你做什么才能最有力地促进进步？

进步

今天的事件 1 或者事件 2，哪一个表明它是一个小成功或者是一个可能的突破？（简述）

_____

催化剂

☐ 团队为有意义的工作制定明确的短期和长期**目标**了吗?

☐ 团队成员是否有足够的**自主权**来解决问题并拥有项目所有权?

☐ 他们是否拥有高效进步所需要的所有**资源**?

☐ 他们是否有足够的**时间**专注于有意义的工作?

☐ 我和我的团队有没有讨论今天的成功**经验**和问题?

☐ 我是在他们需要时给予**帮助**还是在他们请求帮助时才施以援手?

☐ 我有没有为团队内部自由交换**意见**提供帮助?

营养剂

☐ 我有没有**尊重**团队成员,承认他们对进步所做出的贡献,关注他们的想法并把他们视为值得信赖的专业人士?

☐ 我有没有**鼓励**那些面对困难挑战的团队成员?

☐ 我有没有**支持**遇到个人问题或者专业问题的团队

成员?

□ 团队内部是否有个人和职业**归属感**以及友爱感?

挫折

今天的事件 1 还是事件 2,哪一个表明它是小挫折或者是潜在的危机?(简述)

_____

_____

抑制剂

□ 我对有意义的工作的长期或者短期**目标**是否有任何困惑?

□ 团队成员解决问题的能力和项目所有权方面是否受到过度**限制**?

□ 他们缺乏高效进步所需要的任何**资源**吗?

□ 他们是否有足够的**时间**专注于有意义的工作?

□ 我或者其他人是不是没有提供他们所需要的帮助或者请求的**帮助**?

☐ 我有没有"惩罚"失败或者忽视在问题和成功中发现**教训**和机会？

☐ 我或者其他人有没有贸然打断对**想法**的陈述或辩论？

毒素

☐ 我有没有**不尊重**任何团队成员，有没有承认他们为进步所做的贡献，有没有关注他们的想法或者把他们视为值得信赖的专业人士？

☐ 我有没有以任何方式让团队中的一个成员感到**沮丧**？

☐ 我有没有**忽略**遇到个人问题或者专业问题的一个团队成员？

☐ 团队成员之间以及团队成员和我之间是否存在着紧张关系或者**对立**关系？

工作心理

我今天是否发现了下属工作心理方面的任何迹象？

对工作、团队、管理、公司的感知

_____

工作激情

_____

工作动力

_____

哪些具体事件可能会影响今天的工作心理？

_____

行动计划

我明天做什么才能强化已经确认的催化剂和营养剂的作用，并提供目前没有的催化剂和营养剂？

_____

我明天做些什么才能消除已经确认的抑制剂和毒素？

_____

进步循环

工作心理可以激励员工提高绩效，取决于持续进步的良好绩效反过来提升工作心理素质，我们称之为"进步循环"，它揭示的是自我强化优势的可能性。

因此，进步原理的最重要含义是，通过支持人们及其在有意义的工作中取得的日常进步，管理者不仅可以提升员工的工作心理素质，从长期来看还可以提升组织绩效，从而进一步提升工作心理素质。当然，还有其不利的一面，即负反馈循环。如果管理者没有支持进步和支持努力取得进步的员工，那么其工作心理就会变差，工作绩效也会变差，工作绩效变差会进一步对工作心理产生不利的影响。

进步原理的第二层含义是，管理者不必为了确保激励员工和让他们感到幸福而试图揣测员工的心理，也不必使用复杂的激励方案。只要管理者表现出基本的尊重和关心，他们就能够致力于支持工作本身。

要成为一名卓有成效的管理者，你必须学会启动这种正反馈循环。这可能需要你做出重大的转变。商学院、商业书籍和管理者本身通常都把注意力集中在管理组织或者员工上。如果你专注于管理进步，那么，员工管理，甚至整个组织的管理，都会变得更加切实可行。你不需要想方设法地弄清楚下属的工作心理，如果你帮助他们在有意义的工作中不断取得进步，使这种进步对他们来说变得更为重要，并且善待他们，那么他们就会体验到卓越绩效所必需的激情、动力和感知力。他们的卓越成就将会有助于组织成功。其绝妙之处就在于，他们会热爱自己的工作。

作者简介

特雷莎·M.阿马比尔

哈佛大学商学院工商管理学埃德塞尔·布赖恩特·福特教授，著有《创造力》（*Creativity in Context*）。

史蒂文·J.克雷默

一名独立研究者、作家和顾问。他是《枪口下的创造力》

（*Creativity Under the Gun*）和《工作心理》（*Inner Work Life*）的合著者之一。特雷莎·**M.** 阿马比尔和史蒂文·**J.** 克雷默合著有《激发内驱力：以小小成功点燃工作激情与创造力》（*The Progress Principle: Using Small Wins to Ignite Joy, Engagement, and Creativity at Work*）。

五

格蕾琴·施普赖策（Gretchen Spreitzer） 文
克里斯蒂娜·波拉特（Christine Porath）

创 造 可 持 续 性 绩 效

经济萧条时期，任何人只要有一份工作就会感到很幸运，更不用说是一份既有经济报酬又有智力回报的工作了，担心员工是否幸福有时候看起来好像有些多余。但是，在研究如何造就一支持续高绩效员工队伍的过程中，我们发现了应该对此给予关注的充分理由：从长期来看，幸福的员工工作效率比不幸福的员工的高。他们通常会正常上班，辞职的可能性比较低，他们所做的工作往往会超出其职责范围，他们吸引着同样致力于这份工作的人。此外，他们不是短跑运动员，更像是长跑马拉松运动员，能够长期投入自己的工作。

那么，工作幸福感到底意味着什么？它与满足不同，满足隐含着某种程度上的自满。我们和罗斯商学院积极组织学术研究中心研究伙伴开始对可持续性个人和组织绩效的相关因素进行研究时，找到了一个更合适的词汇：旺盛感（thriving）。我们认为，在一支有旺盛感的团队中，员工不仅会感到满意，工作效率高，还会致力于创造未来，即为公司和他们自己创造未来。有旺盛感的员工有一点儿优势：他们精力充沛，因为他们知道如何预防职业倦怠。

通过对不同行业和不同类型的工作进行调查，我们发现那些符合我们对旺盛感描述的人与同僚相比，整体业绩高16%（根据管理者提供的信息），职业倦怠度低125%（根据他们自己提供的信息），对组织的忠诚度高32%，对工作的满意度高46%。据调查，他们缺勤次数少得多，看病次数也明显少得多，这意味着他们既节省了医疗费用，同时也增加了为公司工作的时间。

我们发现旺盛感由两个要素构成。第一个要素是活力，就是那种充满活力、激情和幸福的感觉。充满活力的员工能够激发自己及周围员工身上的能量。只有让员工感觉到他们所做的日常工作至关重要，公司才能产生活力。

第二个要素是学习：这是获得新知识和新技能带来的一种成长感。学习可以赋予员工一种技术优势和专家地位。学习还可以启动良性循环：那些正在增强自己能力的人往往会认为自己有进一步成长的潜力。

　　这两个要素协同作用，密不可分，单独一个要素不可能具有可持续性，甚至还可能对绩效产生不良影响。例如，学习可以在短期内创造动力，但如果没有激情，它可能会导致职业倦怠。我会用自己所学的知识做什么？我为什么要继续做这份工作？如果只有活力要素的话，即使你喜欢因工作成效而得到的那份荣誉，活力也会日益减弱；如果工作没有给你提供学习的机会，那么你的工作只是对同一件事情的不断重复。

　　活力和学习这两个要素的结合不仅可以使员工的工作富有成效，还可以使他们找到成长的道路。他们的工作之所以有意义，不仅是因为他们成功地完成了今天被期待完成的事情，还在于他们对自己和公司的发展有了方向感。总之，他们现在有旺盛感，他们所产生的能量就具有感染力（见专栏《关于旺盛感的研究》）。

关 于 旺 盛 感 的 研 究

在过去 7 年里，我们一直在研究工作旺盛感的本质以及增强或者抑制它的因素是什么。

我们与同事克里斯蒂娜·吉布森（Cristina Gibson）和弗兰纳里·加尼特（Flannery Garnett）共同开展了几项研究，其中，我们调查或者采访了 1 200 多名白领员工和蓝领员工，他们分别来自高等教育、医疗保健、金融服务、海事、能源和制造业等多种行业。我们还根据员工和老板提供的信息以及留职率、健康状况、总体工作绩效和组织公民行为①，研究了可以反映能量、

----

① 组织公民行为，指的是有益于组织，但在组织正式的薪酬体系中尚未得到明确或直接确认的行为。它至少由 7 个维度构成：助人行为，运动家道德，组织忠诚，组织遵从，个人首创性，公民道德和自我发展。组织公民行为是一种员工自觉从事的行为，它不在员工的正式工作要求中，但这种行为无疑会促进组织的有效运行。——译者注

学习和成长的指标。

我们阐明了旺盛感的定义，并将这个概念分解成两个要素：活力——感觉精力充沛和情绪饱满；学习——获得知识和技能。

当你把这两个要素结合在一起时，就会发现统计结果引人注目。例如，就领导者而言，高能量、学习能力强的人工作效率比那些只有高能量的人高 **21%**。尤其是对于健康这一项指标，结果尤为突出。就健康而言，那些高能量、学习能力差的人比高能量、学习能力强的人差 **54%**。

一个组织如何帮助员工获得旺盛感

　　无论身处什么环境，总有一些员工会有旺盛感。他们本能地把活力和学习融入自己的工作中，并且激励着自己周围的人。聪明的招聘主管会寻找这样的人。但大多数员工都会受到环境影响。即使是那些积极的人也可能会因不堪重负而失去旺盛感。

　　令人高兴的是，在不采取重大举措或者投入大量资金的情况下，管理者就能够迅速启动一种可以鼓励员工获得旺盛感的文化。更确切地说，在大多数情况下，管理者并不需要投入太多注意力，只需给予适度的关注就能够克服组织惰性，提升员工旺盛感，从而提高员工的工作效率。

　　在理想情况下，你会很幸运地拥有一支自然有旺盛感的员工队伍。不过，如果想要员工队伍释放和保持热情，你可以采用很多办法。通过研究，我们发现了可以为员工获得旺盛感创造条件的 4 种机制，即提供决策自主权、分享信息、尽量减少不文明行为和提供绩效反馈。

这些机制有交叉的地方，例如，你让员工做决策，却没有给他们提供完整的信息，或者你让他们面对充满敌意的反应，那么他们就会感到痛苦，不会有旺盛感。每一种机制本身都有助于人们获得旺盛感，这4种机制都是开创一种旺盛感文化所必需的。下面我们对这4种机制逐项加以详述。

提供决策自主权

决策能力可以使各级员工充满活力，从而影响他们的工作。以这种方式赋予他们权力，能够给他们一种更强的控制感，关于事情如何完成的更多发言权以及更多的学习机会。

航空业可能看起来是一个不太可能找到决策自主权的地方（更不用说一支有旺盛感的员工队伍了）。不过，认真分析一下我们研究过的一家公司，即美国阿拉斯加航空公司，它就创造了一种授权文化，在过去10年里，这种授权文化为公司扭转经营局面做出了重大贡献。21世纪初，这家公司的绩效呈下滑趋势，迫使高级管理层推出"2010规划"，坦诚地邀请员工参与决策，希望在维持正点起飞信誉的同时提升服务质量。这项规划要求员工抛开他们当时对"优质"服务的观念，仔细考虑可以做出贡献的新方法，提出可以让服务从优质提升到真正卓越的好想法。代理商接受了这项计划，比方说，这项计划赋予他们为错过航班或者由于其他原因而滞留的旅客找到解决方案的决策自主权。罗恩·卡尔文（Ron Calvin）是东部地区负责人，他告诉我们，他最近接到一位客户的电话，自从5年前在西雅图机场工作以来，他从未见过这位顾客，也从未和他通过话。这位顾客带着一个3个月大的孙子，孙子刚刚心脏骤停。这对祖父母想要从火奴鲁鲁紧急返回西雅图，一切都已经预订好了。罗恩·卡尔文了解情况后迅速打了几个电话，让他们搭乘上一趟即将起飞的航班。那天晚些时候，这位祖父给罗恩·卡尔文发来一条简单的短信："我们成功了！"

像这样在不延误航班的情况下满足个人需求的努力，为公司赢得了准点率第一的成绩和满柜奖杯。这家航空公司还大举开拓新市场，包括夏威夷、中西部和东海岸。

　　西南航空公司的故事更广为人知，这主要是因为这家公司以有一种有趣和关怀的文化而闻名。航班乘务人员大多喜欢随处唱歌、开玩笑，通常会热情地招待乘客。他们浑身还散发着能量和对学习的热情。比如，一名乘务人员决定以说唱的形式播报飞机起飞前安全提示。他积极地把自己特有的天赋投入工作中，乘客也很喜欢，并报告说这是他们第一次真正注意到这些安全提示。

　　决策自主权是脸书文化的基石。一名员工在网站上发了一条信息，流露出对公司座右铭"快速前进，打破常规"（Move fast and break things）的惊讶和喜悦，因为它鼓励员工做出决策并且付诸行动。就在他入职的第二天，他找到了解决一个复杂漏洞的方法。他原以为这还需要某些层级的审批，但是，他的老板，这位产品开发副总裁只是微笑着说："发送它吧。"令他感到惊讶的是，他这么快就发布了一个可能会立即惠及数百万用户的解决办法。

管理者面临的挑战是，当人们犯错时，要避免削减授予他们的自主权。这些情况创造了最好的学习环境——不仅是为当事各方，也是为能够从中间接地获得经验的其他各方。

分享信息

如果你在与信息隔绝的环境中工作，你会感到单调沉闷，意兴阑珊；如果你看不到自己的工作能产生更大的影响，你就没有理由去寻找创新性解决方案。如果员工知道他们的工作如何与组织的使命和战略保持一致，那么他们就能够更有效率地做出贡献。

阿拉斯加航空公司选择把管理时间放在帮助员工广泛了解公司战略上。"2010 规划"的实施不仅有传统的交流方式，还有长达数月的路演和培训，旨在帮助员工交流想法。首席执行官、总裁和首席运营官现在每季度仍然会去路演，收集有关各种市场特性的信息，然后传播他们所掌握的信息。其优势体现在公司员工自豪感的年度评估上——目前员工自豪感已经飙升到90%。

金爵曼是美国密歇根州安娜堡市的一家美食集团，一直与我们积极组织学术研究中心一位同事韦恩·贝克（Wayne Baker）密切合作。金爵曼尽可能保持信息透明，从不刻意隐瞒它的数据，财务信息对员工公开。不过在20世纪90年代中期，当联合创始人阿里·维恩兹威格（Ari Weinzweig）和保罗·萨吉诺（Paul Saginaw）研究开卷管理①时，他们才开始认为，如果员工参与"游戏"，

① 开卷管理（open book management），是一种提升员工士气的管理策略，寻求获得某种平衡的绩效管理体系。它主要对两种需求进行平衡：获取竞争力和赢利滚滚的需求以及人性化需求。其遵循的哲学是，如果企业能够展示它的账簿的话——展示利润、损失、收入和费用，那么员工的参与度将大大增强，他们将变得更具商业头脑，将积极参与企业运作，共同沿着正确的方向努力将上述数字体现的绩效搞好。它可分成三个部分：财务理解力（培训员工了解掌握运营中的财务问题），员工所有权（通过股票计划和奖励，培养员工的责任心）与信息披露（对员工公开大部分的财务和运营信息）。——译者注

他们会表现出更大的兴趣。

实现更正式、更有意义的开卷管理并不容易。人们可能会看数据，但他们几乎没有理由去关注，也不太清楚这些数据与他们的日常工作有什么关系。在最初的五六年里，这家公司一直在努力使这一概念融入其系统和日常工作中，并让员工认真地理解韦恩·贝克所说的"碰头会严谨性"：团队每周都围着白板跟踪业绩、"记分"、预测下一周的数据。尽管人们了解开卷管理的规则，但他们起初并不理解在繁忙的日程中增加一次会议有什么意义。直到高层领导使碰头会变得更加重要，员工这才明白老板的真正目的，因为它展示的不仅是财务数据，还展示了服务和食品的质量评价、人均消费、员工满意度等相关数据和"趣事"，这可能意味着从一周一次的顾客满意度评价竞赛到员工创新理念的一切事情。

金爵曼的一些业务开始实行"迷你游戏"策略：采用短期激励措施去发现一个问题或者抓住一次机会。例如，金爵曼罗德豪斯餐厅的工作人员利用这种迎宾游戏调查迎接顾客需要花多长时间。"未被招呼的"顾客表示不太满意，员工发现他们自己经常需要为服务不周而做出补偿。这种迎宾游戏向服务团队提出了挑战：在每一位顾客入座5分钟之内招待他们，连续50天挑战成功便可以获得适量奖金。这种迎宾游戏激励服务团队快速发现并填补服务过程中的漏洞。服务评分在一个月内得以大幅度提升。金爵曼的其他业务也开始了类似的游戏，采取激励措施来加快送餐速度，减少面包房刀伤（从而降低保险费用）以及提升厨房整洁度。

这些游戏自然营造了一些内部紧张气氛，因为发布的不只是好消息，还有令人士气低落的坏消息。但总的来说，它们大大增强了一线员工的主人翁意识，为提升绩效做出贡献。从2000年到2010年，金爵曼的收入几乎增加了300%，超过3 500万美元。公司领导者认为，开卷管理是其成功的关键因素。

简单的逸事证实了他们的说法。例如，几年前，我们看到阿里·维恩兹威格在金爵曼罗德豪斯餐厅做演讲时，一位顾客问他，期望普通服务员或者勤杂工了解公司战略和财务是否现实。作为回答，阿里·维恩兹威格转向一名明显没有听到他们对话的勤杂工，询问这位年轻人是否介意分享金爵曼的愿景，说说餐厅实现每周目标的情况。这位勤杂工连眼睛都没有眨一下，就用他自己的话说出了金爵曼的愿景，然后描述了那一周餐厅在"退菜"方面做得有多好。

虽然金爵曼是一家规模很小的企业，但规模更大的企业也采用了开卷管理，例如，美国全食超市和物流公司耶路全球。这种管理制度可以使员工获得广泛的信息，建立信任，给予员工所需要的知识，从而使他们做出正确的决策，并且满怀信心地积极行动起来。

尽量减少不文明行为

不文明行为是要付出巨大代价的。在我们与亚利桑那州立大学雷鸟全球管理学院教授克里斯蒂娜·皮尔逊

（Cristine Pearson）一起开展的研究中，我们发现，在工作中遭遇不文明行为的员工中，1/2 的员工会故意减少努力，超过 1/3 的员工会故意降低他们的工作质量，2/3 的员工会花很长时间去躲避冒犯者，大约有同样多的人会说他们的工作绩效下降了。

大多数人在工作中遭遇过粗鲁行为。以下引用的是我们研究中的几句话：

"老板让我准备一份分析报告。这是我的第一个项目，没有人给过我任何指示或模板。他告诉我说，我做的分析报告就是一堆垃圾。"

"老板说：'如果我想知道你的想法，我会问你的。'"

"老板看见我从一份文件上取下一个回形针扔进了垃圾桶里，他当着我 12 位下属的面，训斥我是在浪费，还命令我把它捡回来。"

"当着同事的面，老板打开免提电话，告诉我说，我完成的是'幼儿园作业'。"

我们听说过几百个这样的故事，令人遗憾的是，大多数工作者都很熟悉这些故事，但关于这些故事的代价，我们并没有听到那么多。

不文明行为阻碍员工获得旺盛感。那些遭遇不良行为攻击的人通常自己也成为不文明的员工：他们故意妨碍他们的同事，他们"忘记"把备忘录抄送给同事，他们散布流言蜚语去转移人们的注意力。面对不文明行为，员工很可能会缩小关注范围去躲避风险，从而在这一过程中失去学习机会。

凯曼咨询公司是我们研究过的一家管理咨询公司，它成立时还是一家比较小的公司。该公司总部设在美国华盛顿州雷德蒙德市，办公室布置得并不是很雅致，但这家公司因其文明文化而享有盛誉。在该公司的招聘过程中，背景调查就包括应聘者的文明行为记录。

"人过留名，雁过留声，"凯曼咨询公司董事格雷格·朗（Greg Long）说，"你只要预先做到小心谨慎和认真负责，就能够让你自己免遭有害文化的影响。"总经理拉齐·伊马姆（Raazi Imam）告诉我们："我不能容忍任何人斥责或者不尊重某个人。"一旦发生这种情况，他就会把冒犯者拉到一边，明确地说明自己的原则。格雷格·朗将该公司 95% 的留职率归功于它的文化。

即使是高素质的应聘者，只要不符合这种文化，凯曼咨询公司也会放弃他们。该公司还保存着一份咨询者名单，如果有合适的职位出现，他们就可能会是符合标准的雇员。人力资源总监梅格·克拉拉（Meg Clara）把强大的人际交往技巧和情商列入她对应聘者进行评价的首要标准。

就像所有公司一样，在谈到文明行为时，凯曼咨询公司管理者会定好基调。一名糟糕的玩家可能会让公司文化偏离方向。一名年轻的管理者向我们描述了她的老板，哪怕是为了一个小到打字错误这样的过失，这位总经理也会习惯性地在办公室里大喊大叫"你弄错了！"。他的声音会让地板产生震动，令人生畏，让被吼叫的人感到非常尴尬。过后，同事会聚集在公共区域喝着咖啡，对被吼叫的人表示同情。一位内部人士告诉我们，他们谈话的重点不是如何在公司取得进步，或者学会如何练出厚脸皮来应对，而是如何去报复和跳槽。

在我们的研究中，令我们感到惊讶的是，很少有公司在评价应聘者时考虑到文明行为或者不文明行为。公司文化具有内在感染力，员工会融入周围环境。换句话说，如果你因文明行为而被录用，那么你更有可能把它培养成你的文化（见专栏《个人旺盛感策略》）。

个　人　旺　盛　感　策　略

尽管组织会受益于使员工获得旺盛感，但领导者要关注的事情太多，因而放松了对这项重要工作的关注。然而，即使组织没有给予很大的支持，任何人也都可以采取加强学习和增强活力的策略，因为旺盛感能够传染，你可能发现你的思想会迅速蔓延开来。

轻松片刻

吉姆·勒尔（Jim Loehr）和托尼·施瓦茨（Tony Schwartz）的研究表明，无论多么微小，中间休息和其他（精力）恢复策略都能够使我们产生正能量。

在教学中，我们为了让学生保持充沛精力，让他们为课堂设计定时休息时间和活动。在一个学期里，学生决定在每节课进行到一半时休息 2 分钟，站起来活动一下。每周由不同的 4 人组来设计这种短暂的活动，例如，观看一段有趣的优兔（YouTube）视频，跳一阵儿恰恰舞、健身操，或者做一种游戏。关键是学生想出了使他们精力充沛的好主意，并且分享给全班同学。

即使你的组织没有提供正式的（精力）恢复机制，你总是有可能安排一些活动吧？比如，散一会儿步，骑一会儿自行车或者在公园里吃一顿快餐。一些人把活动写入他们的日程表，这样就不会让它受到会议的影响了。

把你自己的工作编织得更有意义

你不能忽视工作对你的要求，但你可以留意使它变得更有意义的机会。例如蒂娜，她是一个大型组织里的一个政策智囊团的行政管理者。在老板休假 6 个月期间，蒂娜需要找到一个短期项目。经过一些观察，她发现一个正处于萌芽阶段的新方案，即培养职员能够大胆地说出他们对组织的看法。这项工作需要一种创新精神来启动。虽然这项工作的薪酬比较低，但其工作性质使蒂娜充满活力。当她的老板休假回来时，她重新协商了自己那份智囊团工作的合同条款，让它只

幸福感

花费自己 **80%** 的时间，把剩余时间用于职员发展项目。

寻找创新和学习的机会

打破现状可以促进人们学习，这对旺盛感来说至关重要。当罗杰成为中西部一所著名高中的校长时，他满脑子都是创新理念。然而，他很快就确定，相当一部分职工并没有以开放的心态接受新的做事方式。他确保自己能够倾听他们的忧虑，并且努力培养他们，不过，他把更多的努力投入那些对突破性想法充满热情的职工的成长和学习上。通过指导和激励他们，罗杰开始取得小成功，从而使其重大举措得以顺利实施。一些抵制者最终离开了学校，其他人则在看到积极变化的迹象时转变了观念。通过把重点放在那些亮点上，而不是放在阻力点上，罗杰得以开展工作，推动学校走向一个崭新的未来。

建立使你充满活力的人际关系

我们都有一些可能很聪明，一起工作却又很难相处，并且会给人带来负面情绪的同事。有旺盛感的人都会找机会与产生能量的同事密切合作，还会尽量减少与消耗能量的同事一起合作的机会。事实上，当我们组建研究团队来研究旺盛感时，我们选择了自己欣赏的同事，他们使我们充满活力，我们期待着与他们共度时光，而且我们知道，我们可以从他们身上学到东西。在每一次开会之前，我们要么带来好消息，要么表示感激，设法建立良好的人际关系。

认识到旺盛感可能会影响到办公室以外的生活

一些证据表明，高敬业度不会削弱你在个人生活中获得旺盛感的能力，反而可以增强这种能力。例如，我们中的一个人，即格蕾琴·施普赖策，她在应付丈夫那困难的医疗诊断时发现，即使她的工作很费力，但这也给予她在职业和家庭生活中获得旺盛感的能量。旺盛感不是零和博弈。在工作中感到精力充沛的人，通常会把这种能量带到他们工作以外的生活中。受外界活动激励的人都可能会把他们的动力带回办公室，比如当志愿者，参加比赛训练，进行课程学习。

提供绩效反馈

反馈可以创造学习机会，还可以产生对旺盛感文化极为重要的能量。通过消除不确定感，反馈可以使人们将与工作相关的活动集中在个人目标和组织目标上。反馈越快、越直接，就越有用。

前文描述的金爵曼碰头会就是用来分享个人的实时信息和经营绩效的一种工具。领导者每天在白板上概述各项数据的变化情况，员工期待"拥有"这些数据，必要时想出办法使其重回正轨。碰头会还包括"红色代码"和"绿色代码"，用来记录顾客的投诉和表扬，以便让所有员工能够在即时、真实反馈的基础上学习和成长。

快速贷款公司是一家抵押贷款公司，该公司评价和奖励员工绩效的方式与其他公司不同，该公司使用两种不同类型的商业智能仪表盘来提供不断更新的绩效反馈：即时动态和看板管理（Kanban）报告。看板管理是一个日语词，意思是"信号灯"，通常应用于生产作业。

即时动态显示器有几个面板，用来显示团队和个人的绩效指标以及表明员工实现每日目标可能性大小的数据提要。人们天生就具有对分数和目标做出反应的特质，所以，绩效指标有助于让他们一天都充满活力，实质上他们是在与自己的数据竞争。

看板管理仪表盘能够让管理者跟踪员工绩效，以便他们知道员工或团队什么时候需要一些指导或者其他类型的协助。看板图表也被展示在显示屏上，根据每一种绩效指标轮流显示排名前 15 名的销售人员。员工不断地竞争，以赢得在管理看板上展示的机会，这几乎就像电子游戏的高分排行榜。

如果是重复性绩效反馈，可能会让员工感到不知所措，甚至感到压抑。相反，这家公司强有力的行为规范创造了一种绩效反馈可以激励并促进员工成长的环境，行为规范包括礼貌和尊重，让员工对如何完成自己的工作拥有发言权。

全球律师事务所美迈斯赞成使用 360 度绩效评估法

来帮助员工获得旺盛感。这种绩效反馈是开放式的和总结式的，而不是原样分享式的，从而鼓励员工的响应速度高达97%。例如洛杉矶办事处管理合伙人卡拉·克里斯托弗森（Carla Christofferson），她从人们对她的评估中得知，他们认为她的行为不符合公司对工作与生活要达到平衡的公开承诺，因而给员工带来了精神压力。于是，她开始把更多的时间投入办公室以外的地方，把周末工作限制在她在家里就可以做的事情上。她成为工作与生活平衡的榜样，从而极大地消除了那些除了工作还想有自己生活的员工的忧虑。

帮助员工获得旺盛感的这4种机制并不需要管理者做出很大的努力或者投入大量的资金，它们需要的是愿意授予员工自主权并定下基调的领导者。正如前文所述，每一种机制都提供了旺盛感所必需的一个不同的角度。你不能从中只选择一种或者两种机制，因为这4种机制彼此之间相互强化。例如，如果人们没有获得有关当前数据的真实信息，他们能轻松地做出决策吗？如果他们担心被嘲笑，他们能够做出有效的决策吗？

营造旺盛感的环境需要大家的共同关注。帮助员工在工作中成长并且充满活力，就其本身而言是高尚之举，同时它还能够以一种可持续的方式提升你的公司绩效。

作者简介

格蕾琴·施普赖策

密歇根大学罗斯商学院工商管理学基思·E 和瓦莱丽·J. 阿莱西教授，她是学院积极组织学术中心的核心会员。

克里斯蒂娜·波拉特

美国乔治敦大学麦克多诺商学院管理系副教授，是《职场礼仪：提升人际交往能力的技巧》（*Mastering Civility: A Manifesto for the Workplace*）的作者和《请尊重同事》（*Cost of Bad Behavior*）的合著者。

六

安德烈·斯派塞（André Spicer）

卡尔·赛德斯卓姆（Carl Cederström）

文

忽略工作幸福感探究

最近，我们俩发现我们都在各自的工作场所参加过励志研讨会，这两场研讨会的主题都是幸福的真理。在一场研讨会上，一位演讲者解释说，幸福能够让你身体更健康，心地更善良，工作更富有成效，甚至更有可能获得晋升。

另一场研讨会还强制性地要求与会者一起跳那种比较狂野的舞蹈。这样做本该让我们身心愉悦，但也迫使我们两个人中的一个悄悄地溜了出去，躲在最近的洗手间避难。

自20世纪20年代中期一组科学工作者在霍桑工厂开展实验研究以来，无论是学者还是管理者，都一直热衷于提升员工工作效率。尤其是幸福感作为一种提升工作效率的办法，最近似乎越来越受到企业界的关注。[1]公司花钱聘请幸福咨询师，开展团队建设活动，设计游戏情节，聘请快乐咨询顾问和首席幸福官（没错！你在谷歌上可以搜索到）。这些活动和名称看起来似乎很有趣，甚或很奇特，各公司现在对这些事情极其重视，可真应该如此认真吗？

如果你密切关注这项研究，即我们在舞蹈事件以后所做的这项研究，你会发现，目前尚不清楚鼓励追求工作幸福感是否永远是一个好主意。当然，一些证据表明，幸福的员工不太可能离职，更有可能让客户满意，他们更安全，更有可能参与（组织）公民行为。[2] 然而，我们也发现了不同的研究结果，这些结果表明，一些理所当然地被认为可以获得幸福感的普遍理念不过是神话。

首先，我们实际上并不知道幸福是什么，也不知道如何去衡量幸福。衡量幸福差不多就像测量灵魂的温度或者确定爱到底是什么颜色一样。正如史学工作者达林·麦马翁（Darrin McMahon）在他那本富有启发性的著作《幸福的历史》（*Happiness: A History*）中所表明的那样，从公元前 6 世纪开始，据说当克洛伊索斯被开玩笑地告知"没有一个活着的人是幸福的"时，这个很难把握的概念就已经成为从愉快和喜悦到丰富和满足等其他各种概念的代名词。塞缪尔·约翰逊（Samuel Johnson）说，他只有在喝醉的时候才能获得瞬间幸福感。[3]对让－雅克·卢梭（Jean-Jacques Rousseau）来说，幸福就是躺在一只船上，漫无目的地漂流，感觉就像神一样（并非是生产力的形象）。其他人对幸福的定义听起来也貌似有理，与塞缪尔·约翰逊和让－雅克·卢梭的定义大同小异。

正如威尔·戴维斯（Will Davies）在《幸福产业》（*The Happiness Industry*）一书中提醒我们的一样，我们今天有更先进的技术，并不意味着我们可以针对幸福给出一个更为确切的定义。他得出的结论是，即使我们已经开发出更先进的技术，可以测量情绪并预测行为，但关于做人的意义是什么，我们还是接受了日益简化的概念，更别提追求幸福的意义了。例如，大脑扫描时的闪光可能看起来像是在告诉我们有关·种难以描述的情绪的某些具体信息，但实际上并非如此。

幸福未必可以提升工作效率。有关工作幸福感和工作效率之间的关系，许多研究得出了一些相互矛盾的结论，其中幸福感通常被定义为"工作满意度"[4]。对英国超市进行的一项研究甚至表明，工作满意度与企业生产力之间可能会是负相关关系：员工越悲惨，企业利润越高。[5] 当然，其他一些研究得出相反的结论，即工作满意度和工作效率之间是正相关的。但是，即使是这些研究，如果从整体来看，呈现的也是一种相对较弱的相关性。

幸福可能还会令人疲惫不堪。追求幸福也许不一定能够如愿以偿，但也不会令人感到痛苦，不是吗？错！甚至从 18 世纪开始，人们一直指出，幸福的需求带来的是沉重的负担，它是一项永远不可能完全履行的责任。实际上，专注于追求幸福会让我们感到更不幸福。

最近一项心理学实验证明了这一点。[6] 研究人员邀请他们的研究对象看一部通常会让他们快乐的电影：一名花样滑冰运动员夺得一枚奖牌。不过在看电影前，研究人员要求其中一半人大声朗读一份关于人生幸福重要性的声明，另一半人无须大声朗读这份声明。这些研究人员惊讶地发现，看完这场电影后，朗读过这份声明的那些人竟然会更不快乐。从本质上来看，当幸福感变成一

幸福感

种责任时，如果人们无法获得幸福感，那他们会感觉更糟糕。

这在当今时代是一个格外棘手的问题，因为幸福已经被说成一种道德义务。[7]正如法国哲学家帕斯卡尔·布鲁克纳（Pascal Bruckner）所说的："不幸福不仅仅是不幸福，更糟糕的是，它意味着无法找到幸福的失败感。"[8]

幸福也未必会帮你安然度过工作日。如果你从事的是一线客服工作，比如，你在呼叫中心或者快餐店工作，那么你知道，除了积极乐观，你别无选择，因为你必须做到这一点。保持积极乐观的态度可能会让你感觉很累，当你面对顾客的时候，这在某种程度上是有意义的。

然而现在，许多不直接面对客户的员工也被要求做到积极乐观。这可能会产生一些无法预料的结果。一项研究发现，与那些心情差的人相比，心情好的人更不擅长辨别欺骗行为。[9]另一项研究发现，在谈判过程中，与幸福的人相比，生气的人能够取得更好的谈判结果。[10]这表明，幸福对我们工作的各个方面来说可能都是不利的，对那些严重依赖某些能力的工作来说可能也是无益的。其实，在某些情况下，幸福感实际上会让我们的工作绩效变得更差。

幸福可能会破坏你和老板之间的关系。如果我们相信工作是我们找到幸福的地方，那么在某些情况下，我们可能会开始错把老板当作配偶或父母的替代角色。苏珊·埃克曼（Susanne Ekmann）在对一家媒体公司进行研究的过程中发现，那些期待获得工作幸福感的员工经常会变成情感饥渴的人[11]。他们希望管理者给予他们源源不断的认可和情感安慰。而且，如果他们没有获得预期的情感反应（这是经常发生的），这些员工就会感到被忽视了，从而开始反应过激。甚至遇上一些小挫折，他们也会解释为老板排斥自己。因此从很多方面来说，期待老板给我们带来幸福，会让我们变成情感脆弱的人。

幸福同样会破坏你和朋友、家人之间的关系。伊娃·易洛斯（Eva Illouz）在她的著作《冷漠的亲密关系》（*Cold Intimacies*）中指出，那些在工作中带有较多情感的人都会产生一种奇怪的副作用：他们开始像对待工作任务一样对待自己的私生活。她的研究对象把自己的私生活视为某种需要利用在工作中学到的一些方法和技巧来精心管理的事情。结果，他们的家庭生活就变得日益冷漠和斤斤计较。这也难怪她的许多研究对象都宁愿把时间花在工作上，也不愿意花在家里。

更糟糕的是，幸福可能会让你失业。如果我们期待职场给我们提供幸福感和人生意义，我们就开始陷入依赖它的危险境地。社会学教授理查德·森尼特（Richard Sennett）在对专业人士进行研究时注意到，如果人们把雇主视为个人意义的一种重要来源，那么如果被解雇，他们就会受到毁灭性的打击。[12] 如果这些人失业了，他们失去的不仅是一份收入，他们还失去了幸福的希望。这表明，如果我们把自己的工作看作幸福的一个重要来源，那么在变革时期，我们就会让自己变成在情感上脆弱的人。在一个企业不断重组的时代，这可能会很危险。

幸福可能会使你变得很自私。幸福感会使你成为一个更好的人，对吗？并非如此，因为在一项有趣的研究中[13]，研究人员把彩票给参与者，然后给他们一个选择机会，即决定他们想要给别人多少张彩票，他们希望给自己留下多少张彩票。那些心情很好的参与者最终会给自己留下更多的彩票。这表明，至少在某些情况下，我们幸福未必意味着我们会慷慨。事实上，真实情况可能刚好相反。

最后，幸福还可能会使你感到孤独。一项实验中，心理学研究者邀请许多人连续两周详细地写日记。他们在研究结束时发现，与不怎么重视幸福感的那些人相比，那些非常重视幸福感的人感到更孤独。[14]过度专注于追求幸福，可能会使我们感到与他人失去了联系。

那么，既然与所有这些证据背道而驰，我们为什么还继续坚持"幸福可以改善工作环境"这一信念呢？根据一项研究，答案可以归结到美学和意识形态上。幸福是一种实用理念，理论上看起来很不错（美学部分），但它还是一种有助于我们躲避职场中诸如冲突和职场政治等严重问题的理念（意识形态部分）。[15]

如果我们认为幸福的员工是更好的员工，那么我们可能就会掩盖令人更不舒服的问题，特别是从幸福经常被视为一种选择以来。幸福成了职场生活中应付态度消极、煞风景的人、可怜的混蛋以及其他不受欢迎角色的一种实用方法。在所有模棱两可的情况下，唤起幸福感是逃避具有争议性决定的一种极好的方式，例如，选择裁员。正如芭芭拉·埃伦赖希（Barbara Ehrenreich）在她的著作《面向光明》（Bright-Sided）一书中指出的，有关幸福的积极信息已经被证明在危机时期和大规模裁员的时候特别受欢迎。

鉴于所有这些潜在的问题，我们认为有充分的理由重新考虑我们的期待，即工作应该始终让我们感到幸福。这种期待可能会令人疲惫不堪，让我们反应过激，耗尽我们个人生活的意义，让我们变得更脆弱，让我们变得更容易受骗、更自私和更孤独。最引人注意的是，有意识地追求幸福实际上可能会耗尽我们通常从体验真正美好事物中获得的那种喜悦感。

事实上，工作就像生活的所有其他方面一样，很有可能会让我们产生各种各样的情绪。如果你的工作让你感觉到情绪低落，没有什么价值，那么可能是因为它是令人沮丧并且毫无意义的工作。假装不是那样，只可能会让事情变得更糟糕。当然，幸福是一种极好的体验，但其存在与否不可能由人的意愿决定。也许，如果我们不那么积极地追求工作幸福感，我们更有可能会在工作中真实地体验到喜悦感，这种喜悦是发自内心的、令人愉快的，而不是构想出来的、令人窒息的。但最重要的是，只有用一种冷静的方式，我们才有能力更好地应对工作。不管我们是管理人员、员工还是在励志研讨会上狂舞的领导者，都要看清幸福的本质，而不是假装它就是什么。

作者简介

安德烈·斯派塞

伦敦城市大学卡斯商学院组织行为学教授。

卡尔·赛德斯卓姆

斯德哥尔摩大学组织理论副教授。两位作者曾合著《健康综合征》（*The Wellness Syndrome*）。

注释

1. C. D. Fisher, "Happiness at Work." *International Journal of Management Reviews* 12, no. 4 (December 2010): 384–412.
2. Ibid.
3. D. M. McMahon, *Happiness: A History.* (New York: Atlantic Monthly Press, 2006.)
4. Fisher, "Happiness at Work."
5. McMahon, *Happiness: A History.*
6. I. B. Mauss et al., "Can Seeking Happiness Make People Happy? Paradoxical Effects of Valuing Happiness." *Emotion* 11, no. 4 (August 2011): 807–815.
7. P. Bruckner, *Perpetual Euphoria: On the Duty to Be Happy,* tr. Steven Rendall. (Princeton, New Jersey: Princeton University Press, 2011.)
8. Ibid, 5.
9. J. P. Forgas and R. East, "On Being Happy and Gullible: Mood Effects on Skepticism and the Detection of Deception." *Journal of Experimental Social Psychology* 44 (2008): 1362–1367.

10. G. A. van Kleef et al., "The Interpersonal Effects of Anger and Happiness in Negotiations." *Journal of Personality and Social Psychology* 86, no. 1 (2004): 57–76.

11. S. Ekman, "Fantasies About Work as Limitless Potential—How Managers and Employees Seduce Each Other through Dynamics of Mutual Recognition." *Human Relations* 66, no. 9 (December 2012): 1159–1181.

12. R. Sennett, *The Corrosion of Character: The Personal Consequences of Work in New Capitalism.* (New York: W.W. Norton, 2000.)

13. H. B. Tan and J. Forgas, "When Happiness Makes Us Selfish, But Sadness Makes Us Fair: Affective Influences on Interpersonal Strategies in the Dictator Game." *Journal of Experimental Social Psychology* 46, no. 3 (May 2010): 571–576.

14. I. B. Mauss, "The Pursuit of Happiness Can Be Lonely." *Emotion* 12, no. 5 (2012): 908–912.

15. G. E. Ledford, "Happiness and Productivity Revisited." *Journal of Organizational Behavior* 20, no. 1 (January 1999): 25–30.

幸福感

七

艾莉森·比尔德（Alison Beard）| 义

幸　福　有　害　论

没有什么比关于幸福的读物更让我感到沮丧了，为什么？因为关于如何获得幸福感的建议太多了。正如弗雷德里克·勒努瓦（Frédéric Lenoir）在《幸福，一次哲学之旅》（*Happiness: A Philosopher's Guide*，是由其法文原著翻译而来）中指出，伟大的思想家就这个主题已经讨论了 2 000 多年，但仍然众说纷纭。只要在亚马逊网站上浏览一下，你就会发现，在励志书目下的"幸福"子目录中，有多达几万个书名；或者，留意一下 TED 演讲，你也会发现，标记为幸福类别的视频就有几十个。什么会让我们感到幸福呢？健康、金钱、社会关系、目标、"随波逐流"、慷慨、感激、内心平静、积极思维等，研究表明，以上所有答案都是正确的。社会学家告诉我们，即使是最简单的技巧，也能够把我们推向一种更幸福的心态，比如，数数我们的祝福，每天冥想 10 分钟，强迫自己微笑。

然而，对我和其他许多人来说，幸福感依然是难以描述的。当然，我有时会感到快乐和满足，比如，给我的孩子读一篇睡前故事，采访我非常钦佩的某个人物，完成一篇艰难的写作。但是，尽管我拥有健康的身体、支持我的家人和朋友，还有一份有趣又灵活的工作，我经常还是会陷入消极情绪中，比如，烦恼、失意、生气、失望、内疚、嫉妒、悔恨。我的常态就是不满意。

大量且越来越多的幸福（感）研究文献承诺，可以让我从这些消极情绪中解脱出来，但效果更像是雪上加霜。我知道我应该感到幸福，我知道我有充分的理由感到幸福，我也知道我的状况要比大多数人好很多。我知道越幸福的人越成功。我知道对我来说，几次心理锻炼可能就会有用。然而，当我心情不好的时候，我很难让心情好起来。而且我承认，一小部分的我并不把我的不幸福视为徒劳无益的消极主义，而是把它视为非常富有成效的现实主义。我无法想象总是很幸福是什么样子的，实际上，我对任何声称能做到这一点的人都持非常怀疑的态度。

我答应写这篇文章，是因为在过去几年里，我感觉支持这一观点的人越来越多。2009 年芭芭拉·埃伦赖希出版了一本著作《面向光明》，主题是积极思维的"不断提升"和破坏性影响。接下来，2014 年出版的相关书籍有纽约大学心理学教授加布里埃尔·厄廷根（Gabriele Oettingen）的著作《WOOP 思维心理学》（*Rethinking Positive Thinking*）、两位积极心理学专家托德·卡什丹（Todd Kashdan）和罗伯特·比斯瓦斯－迪纳（Robert Biswas-Diener）的著作《消极情绪的力量》（*The Upside of Your Dark Side*）。2015 年，马修·赫特森（Matthew Hutson）在《今日心理学》杂志上发表了一篇极好的文章，标题为《超越幸福：低落情绪的好处》；还有斯坦福大学健康心理学教授凯利·麦格尼格尔（Kelly McGonigal）的著作《巧对压力》（*The Upside of Stress*），英国史学工作者和时事评论员安东尼·赛尔登（Anthony Seldon）的著作《超越幸福》（*Beyond Happiness*），另一位英国（伦敦大学）金史密斯学院政治学讲师威廉·戴维斯（William Davies）的著作《幸福产业：政府和大企业如何向我们推销幸福》(*The Happiness Industry: How the Government and Big Business Sold Us Well-Being*)。

我们最终看到对幸福感的强烈反对了吗？差不多吧。从这些著作和文献来看，它们大多数都是在抨击我们现在对幸福感和积极思维的痴迷。加布里埃尔·厄廷根解释了一个人遇到障碍时，用冷静分析来抑制阳光幻想的重要性。托德·卡什丹和罗伯特·比斯瓦斯－迪纳的著作以及马修·赫特森的文章，都详细地说明了我们能从前文引证的那些消极情绪中得到的好处。总之，这些（消极）情绪能激励我们改善我们的环境和提升自我。[哈佛大学心理学家、《哈佛商业评论》文章《情绪灵敏度》的作者之一苏珊·戴维（Susan David），经过深思熟虑，也书写了有关这一主题的作品。]

凯利·麦格尼格尔说明了如何用一种比较友善的眼光来看待一种不幸福的状态——比如压力，从而将其改变，使其有益于我们的健康，而不是无益于我们的健康。相对于那些试图与压力感做斗争的人，那些承认压力感只是身体对挑战的一种自然反应的人，具有更强的复原力和更长的寿命。

安东尼·赛尔登描述了他自己从追求快乐到更有意义的努力的演变过程，这些努力给他（也应该给我们）带来了喜悦。令人遗憾的是，他把自己的建议按照英文字母顺序进行了排列，这使得他的建议看似很平凡：接纳自己；归属于一个团队；拥有良好的品格，自律，有同理心，专注，慷慨和健康；善于探索；开启内心之旅、接受因果报应、接受礼拜仪式和冥想。

威廉·戴维斯从另一个不同的角度谈论了这一问题，他厌倦了组织对我们大脑内部工作原理的探索尝试。他认为，广告商、人力资源经理、政府和制药公司都是在衡量、操纵并最终利用我们无法满足的对幸福感的欲望，这种赚钱方式含有某种邪恶的东西。

然而，这些作者没有一个人反对个人追求一种普通的幸福生活。我们称之为追求"幸福感"，但我们真正追求的是"长期满足感"。"积极心理学之父"马丁·塞利格曼称之为"殷盛感"（flourishing），他几年前说，积极情绪（幸福感）只是它的一个要素，还有（高度）投入、人际关系、（人生）意义、成就感。阿里安娜·赫芬顿（Arianna Huffington）在她的一本书中也使用了这一说法，那就是"旺盛感"；弗雷德里克·勒诺瓦把这一说法简单地描述为"热爱生命"，他的幸福哲学史可能是这些文献中最富有启发性和娱乐性的。

大多数幸福专家的错误之处在于，他们坚持认为即便没有持续的幸福，日常幸福也是获得长期满足感的一种方法。对一些一知半解的乐观主义者来说也许是这样的。通过该领域最著名的研究员丹尼尔·吉尔伯特建议的方式，他们可以"撞上幸福"，或者可以获得由教授转行的顾问肖恩·埃科尔所说的"幸福优势"，或者就像米歇尔·吉兰（Michelle Gielan）在她的书中所建议的那样，去"传递幸福"，米歇尔·吉兰是埃科尔的妻子，也是良好思维咨询公司的合伙人。正如我所说的，人们明显只是需要几种简单的技巧。

不过，对我们其他人来说，如此之多的快乐感很牵强，所以，它不可能帮助我们建立有意义的人际关系或者塑造完美的事业。当然，雇主或者其他外部力量不可能剥夺我们的幸福感。如果不读这些励志类书籍，我们可能会以不同的方式去追求成就感。我猜想，从长远来看，我们会很好的，甚至会很幸福。

作者简介

艾莉森·比尔德

《哈佛商业评论》资深编辑。